Wolfgang Fiegenbaum
Wolfgang Klee

Rückkehr zur Schiene

Reaktivierte und neue Strecken im Personenverkehr 1980 – 2001

transpress

Einbandgestaltung: Nicole Lechner

Titelbild: Wolfgang Fiegenbaum
VT 423 der Württembergischen Eisenbahn-Gesellschaft verlässt am 19.6.2000 den Bahnhof Rudersberg Nord (KBS 787; vgl. Abschnitt 4.6.7)

Rücktitelbild: Wolfgang Fiegenbaum
Im Bahnhof Entringen der Ammertalbahn Tübingen – Herrenberg (KBS 764; Abschnitt 4.6.5) kreuzen am 17.10.1999 zwei Regio-Shuttle der ZugBus Regionalverkehr Alb-Bodensee

ISBN: 3-613-71185-0

1. Auflage 2002

Lektorat: Hartmut Lange M.A.
Innengestaltung: L&N Litho, 71332 Waiblingen
Druck: Gulde-Druck, 72072 Tübingen
Bindung: Heinrich Koch, 72072 Tübingen
Printed in Germany

Inhalt

4. Reaktivierte Strecken

Zum Geleit

Geleitwort von Manfred Aschpalt, ehemaliger Leiter der Direktion der Württembergischen Eisenbahngesellschaft

Zwei Jahrzehnte erlebte Verkehrspolitik

Bereits in der Einleitung der Autoren dieses Buches ist die Spannung der letzten zwei Jahrzehnte in der Verkehrspolitik lebendig geschildert. Viel hat sich bewegt. Der Unterzeichnende schildert als Zeitzeuge[1], seine *live* erlebten Höhen und Tiefen dieser Wellen-Bahn-Politik. Gewählt wurden zur Betrachtung die von den Buchautoren behandelten zwei Dekaden Eisenbahn-Verkehrsgeschichte.
Entgegen der Verkehrspolitik des Bundes und der Geschäftspolitik der damaligen Deutschen Bundesbahn (DB), die die Stilllegung von Eisenbahnstrecken zum Ziel hatte, versuchte die WEG ab 1979 verstärkt, die ihr seinerzeit von vormals zwölf verbliebenen neun eigenen Eisenbahnlinien mit Unterstützung des Landes Baden-Württemberg durch eine Vorwärtsstrategie zu erhalten. Darin eingebunden wurden die über 60 Omnibusse der 100-prozentigen WEG-Tochter »WEG-Kraftverkehrs-GmbH« (KVG). Bahnen und Busse wurden in Personalunion geführt. Durch einen Ergebnisübernahmevertrag mit der KVG war es möglich, den Schienen-/Busverkehr aus einer Hand zu führen und die Verkehrsleistungen nach ihren Systemstärken zu optimieren und damit ein optimales Betriebsergebnis zu erreichen.
Anders die Geschäftspolitik der DB, die ihre »Regionalbusse« im Wettbewerb zur hauseigenen Schiene einsetzte und damit zur Verschlechterung des SPNV-Angebotes und zur Stilllegung von Schienenstrecken maßgeblich beitrug. Nach der Bahnreform versuchte die neu geschaffene Deutsche Bahn AG (DB AG) durch Gründung von Zug-Bus-Gesellschaften diesen Fehler zu korrigieren.
Die 1979 eingeleitete Modernisierungskampagne der WEG lief zunächst sehr gut an. Für den Zubringerverkehr zur 1978 installierten S-Bahn im Großraum Stuttgart wurden bei der »Strohgäubahn« Korntal–Weissach neue Dieseltriebwagen benötigt. Die Fahrzeugindustrie hatte keine geeigneten Fahrzeuge im Angebot. Wofür auch? Der SPNV war auf dem Weg, zu einer Restgröße zu verkommen. Die DB sprach bereits damals von »Stilllegungsprogrammen«. Ich komme darauf noch zurück.
S-Bahnen lagen Ende der 70er-Jahre im Trend. Das Land Baden-Württemberg, von Haus aus eisenbahnfreundlich eingestellt, hatte für den Wunsch der Nichtbundeseigenen Eisenbahnen (NE) des Landes nach neuen Triebwagen ein offenes Ohr und versprach Unterstützung. Mittel aus dem Gemeindeverkehrs-Finanzierungsgesetz (GVFG) standen seinerzeit noch nicht zur Verfügung! Die NE des Landes erstellten gemeinsam ein Lastenheft und gaben die erste Bauserie von 12 Fahrzeugen in Auftrag, drei weitere folgten. Diese »NE 81« Fahrzeuge waren sowohl für einen kostengünstigen Einmannbetrieb im Personenverkehr als auch für den leichten Güterverkehr konzipiert. Im Januar 1982 nahm die WEG eine dreiteilige Wendezugeinheit in den Regelbetrieb. Das Fahrtenangebot verbesserte sich damit von vormals vier auf 29 Zugpaare.
Die übrigen Bahnen wurden zum Teil erneuert, Sicherheitstechniken installiert, Fahrzeuge modernisiert, das Fahrtenangebot erweitert und selbst die Bahnhöfe in einem ansehnlichen Zustand gebracht.

1 Leiter der Direktion der »Württembergische Eisenbahn GmbH« (WEG) Stuttgart/Waiblingen vom Januar 1979 bis zum Oktober 2000. Zur Geschichte der WEG vgl.: Hermann Bürnheim und Wolfgang Fiegenbaum (Hrsg.), Württembergische Eisenbahngesellschaft WEG. Die Geschichte einer bedeutenden Privatbahn, Stuttgart 1986.

Als im Zuge dieser Investitionen auf der politischen Bühne die Rede davon aufkam, bestehende »Bahnprivilegien« abzubauen, blieben die Verantwortlichen zunächst gelassen und setzten ihre Vorwärtsstrategie fort. Sprach man doch davon, die »Gasölbetriebsbeihilfe« zu streichen und die Freifahrt für Schwerbehinderte für den SPNV nicht mehr anzuerkennen, beim ÖPNV-Bus aber zu belassen. Die Mineralölsteuer wurde zu diesem Zeitpunkt zu 90 Prozent zweckgebunden in den überwiegend kommunalen Straßenbau gesteckt. Seit 1955 war die Schiene von dieser Steuerlast befreit, ebenso wie die Schifffahrt und der Luftverkehr.

Alle zu recht, denn wer wollte schon von Verkehrsunternehmen, die die Straße nicht brauchen, verlangen, den Fahrweg des Wettbewerbers Straße zu finanzieren.

In einem Fernsehbeitrag der ARD-SDR-Abendschau am 12. März 1985 erklärte der damalige Staatssekretär Foss im Finanzministerium Bonn:

»...das was hier an der Gasölbetriebsbeihilfe eingespart wird, geht in der Tat zu 90-Prozent in den Bereich des kommunalen Straßensystems. Insofern für den Bürger positiv zu bewerten...«

ARD: »...bloß die privaten Bahnen werten das negativ...«

Foss: »...ein berühmtes Sprichwort heißt: Des einen Uhl ist des anderen Nachtigall...«

Politiker muss man sein oder eine starke Lobby haben, um dieser Logik folgen zu können, denn in drei Stufen wurde tatsächlich die Gasölsteuerbefreiung für die Bahnen und auch die Linienbusse komplett zum 30. Juni 1983 abgeschafft, während Luft- und Schifffahrt sich weiter diesen Vorteil sicherten. Die WEG büßte bei diesem den Politikern vorwerfbaren Deal jährlich über eine halbe Millionen DM ein. Die Folge: Stilllegung von zwei Eisenbahnlinien. Eine Dritte Strecke konnte nur durch den engagierten Einsatz der Kommunen vorübergehend erhalten werden. Als die Kommunen die finanziellen Beihilfen für diese Bahn einstellten war auch das Schicksal dieser Bahn besiegelt.

Nach zähem Ringen konnte wenigstens die Gleichstellung Linienbusse/Bahnen in Bezug auf die Schwerbehindertenfreifahrt erreicht werden.

Bei dieser politischen Gemengelage war mit einer Erweiterung im Verkehrssegment Bahn nicht zu rechnen. So nahm die WEG Chancen im Omnibusbereich wahr. Neben der Übernahme kleinerer Busunternehmen zur Arrondierung der KVG gelang es auch, Verkehrsleistungen in den Landkreisen Heidenheim (1987; 55 Busse)[2] und Waiblingen (1991; 65 Busse) zu übernehmen.

Die Anfuhr der Zuckerrüben zu den Fabriken war von jeher eine Sache der Eisenbahnen. Über Jahrzehnte brachten die Landwirte mit ihren Feldfahrzeugen die Zuckerrüben zu besonders angelegten und ausgestatteten Eisenbahn-Verladestellen. Die Bahn fuhr die Ernte dann in Ganzzügen in die Zuckerfabriken. Dieses Saisongut verlangte eine Bevorratung an entsprechenden Güterwagen über das ganze Jahr, was der Bahn mehr und mehr Probleme bereitete. Die Zuckerindustrie war durchaus an einer Beibehaltung der Bahnanfuhr interessiert. Den Landwirten lag daran, die umständlichen und zeitaufwendigen Anfuhren zu den Eisenbahnverladestellen zu vermeiden. Die Verladung der Rüben auf dem Feld, der Transport zur Verladestelle mit landwirtschaftlichen Fahrzeugen und die zum Teil mit langen Wartezeiten verbundenen Umladevorgänge nahmen viel Zeit in Anspruch. Die Abfuhr der Zuckerrüben direkt vom Feld in die Zuckerfabrik war das Anliegen der Landwirte, der zu erwartende Freizeitgewinn lag ihnen am Herzen. Mehr als zehn Jahre wurde um diese Modernisierung heftig gerungen. Letztendlich setzten sich die Erzeuger mit beachtlichen logistischen Erfolgen durch. 1994 rollten die letzten Ganzzüge mit Zuckerrüben in die Fabriken. Für die WEG ein erheblicher finanzieller Einbruch bei mehreren Bahnen und das Aus einer vom Saisonalen Rübenverkehr lebenden Nebenbahn im Raum Heilbronn.

Die negative Entwicklung im Bahnsektor setzte sich zwischenzeitlich fort. Das Land Baden-Württemberg stemmte sich bereits 1985 gegen weitere Stilllegungspläne der DB. Durch finanzielle Anreize gelang es, für bestimmte Bahnen eine zehnjährige Bestandsgarantie festzuschreiben. Zu diesem Zeitpunkt suchten eine Reihe von Gebietskörperschaften und Kommunen nach Möglichkeiten, »ihre« Nebenbahn dauerhaft zu sichern. Wenn es dann sein musste, auch durch die Übernahme der Strecke in eigener Regie. Die »Wieslauftalbahn« (s. u. Abschnitt 4.6.7) und die »Ammertalbahn« (s. u. Abschnitt 4.6.5) sind Beispiele dieser erfolgreichen Strategie.

Auch auf bereits für den Personenverkehr stillgelegten Strecken entstanden Begehrlichkeiten zur Reaktivierung. Bürgerinitiativen machten zusätzlich Druck und so wurden Gutachten in Auftrag gegeben. Die WEG beteiligte sich durch die Erstellung von Betriebskonzepten an diesem neuen Markt. Auch wenn eine Vielzahl der Projekte

2 vgl. Manfred Aschpalt, Erfolgreiche Arbeitsbilanz der Heidenheimer Verkehrsgesellschaft mbH, in: Verkehr & Technik 1998, Heft 12.

heute noch auf eine Verwirklichung hofft, erfolgreiche Abschlüsse, wie das Beispiel »Schönbuchbahn« (s. u. Abschnitt 4.6.8) beweist, gab es dennoch.
Enttäuschend in diesem Zusammenhang war die fehlende Bereitstellung von geeignetem Triebwagenmaterial durch die Fahrzeugindustrie. Die bereits zum 1. Januar 1995 in kommunale Hände übergegangene Wieslauftalbahn musste auf die für den gemischten Personen-/Güterverkehr konzipierten »NE 81« zurückgreifen. Moderne, schon lange vor der Bahnreform von den Verbänden und den Bahnen geforderten »Leichttriebwagen« waren nicht im Angebot der Fahrzeugindustrie. Selbst 15 Monate später musste die Schönbuchbahn ihre Fahrzeugbestellung anhand vorliegender Planentwürfe tätigen. Offensichtlich hatte die Fahrzeugindustrie die Auswirkungen der Bahnreform nicht so ernst genommen. Durch den Lieferdruck kam es außerdem zur Auslieferung von Fahrzeugen mit erheblichem Nachbesserungsbedarf.
Die negative Entwicklung der Bundes- und Reichsbahn ging ungebremst weiter. Für die Nebenbahnen der WEG war das Geschäftsfeld »Stückgut, Expressgut, Reisegepäck, Teilladungsverkehr« ein sehr wichtiges Standbein. Die DB versuchte diesen für sie unwirtschaftlichen Geschäftsteil damit zu verbessern, indem sie die Bewegung des Kleingutes auf immer weniger Umschlagstellen konzentrierte. Über das Projekt »Stückfracht 88« sollte eine strategische Neuausrichtung im Kleingut und Teilladungsbereich gefunden werden. Es half alles nichts. Speditionen und selbst die Deutsche Post erstellten ihre Kleingutverteilzentren fernab der Schiene. Die DB AG machte nach ihrer Gründung dort weiter, wo die Bundesbahn aufgehört hatte. Ende 1994 kündigte sie die Vertragsverhältnisse mit den Nichtbundeseigenen Eisenbahnen zum 30. Juni 1995. Alle Bemühungen der WEG, weiter in diesem Geschäftsfeld zu bleiben, schlugen fehl.

Acht Jahre nach der Bahnstrukturreform lohnt es sich, sich nochmals an die wesentlichen Ziele dieser Privatisierung und Zusammenführung der Reichs- und Bundesbahn zu erinnern. Als wesentliche Ziele waren eine stärkere Beteiligung des Verkehrsträgers Schiene am künftigen Verkehrswachstum, die Verringerung der finanziellen Zuschüsse des Bundes für die Bahn, die Schaffung der unternehmerischen Unabhängigkeit der Eisenbahnen, die Trennung von Fahrweg und Betrieb, die Öffnung des Netzes für Dritte und damit Förderung des Wettbewerbs auf der Schiene sowie die Regionalisierung des schienengebundenen Personenverkehrs formuliert worden.
Zunächst muss man konstatieren, dass das wichtigste Ziel der Bahnreform, nämlich eigenverantwortliche Gesellschaften – AG's – agieren zu lassen, nicht erfüllt wurde. Im Gegenteil, die Bahn-Holding führt die AG's wie unselbstständige Abteilungen, obwohl sie rechtlich verselbstständigt worden sind. Selbst im Geschäftsbericht 2000 der Bahn tauchen die fünf AG's nur nachrichtlich mit einigen wenigen Zahlen auf. Ein sinnvoller Vergleich mit Vorjahreswerten ist nicht möglich. Auch der Bundesrechnungshof weist in seinem Prüfbericht darauf hin, dass die Bahnreform dadurch gefährdet sei, dass die Führung der Bahn wieder der vor der Bahnreform entspricht.
Das Schienennetz der DB Netz AG ist im Nahverkehr oft mehr als marode. Zu selten hat eine heutige Nahverkehrsstrecke etwas mit einem modernen, attraktiven Eisenbahnbetrieb gemein. Das Konzept »REGENT« (Regionalnetzentwicklung) der DB trug diesem Zustand durchaus Rechnung. Die Prioritäten lagen allerdings weiter auf den Rennstrecken. Dennoch wurden milliardenschwere Zuschüsse des Bundes nicht abgerufen. Selbst die Beseitigung der wichtigsten Engpässe im Netz unterblieb. 1000 Planer müssten erst eingestellt werden; als ob es an geeigneten selbstständigen Planungsbüros mangle. Verfehlte Personalpolitik, wie an anderen Stellen auch? Jetzt ordnet die Bahn in den entsprechenden Bereichen ihren Vorstand neu.
Neben den noch zu regulierenden Mängeln ist ein Teilerfolg zu verzeichnen: die Teilentmachtung der DB Netz AG durch die Einsetzung einer unabhängigen Trassen-Agentur, die über das Verfahren zum Netzzugang wacht. Erstmals wird es daneben auch eine eigene Bilanz der DB Netz AG geben. Leider ist es auch der politischen Arbeitsgruppe Task Force »Zukunft Schiene« nicht gelungen, die notwendige Trennung von Netz und Betrieb bei der Bahn durchzusetzen. Es bleibt zu wünschen, dass zumindest im regionalen Netz über kurz oder lang eine Regionalisierung der Infrastrukturverantwortung verwirklicht werden kann.
Im Güterverkehr konnte die Schiene trotz steigender Leistungen noch keine nennenswerten Marktanteile hinzugewinnen. Die DB Cargo AG versucht nun mit dem Sanierungskonzept MORA C (Marktorientiertes Angebot) Gleisanschlüsse aufzugeben und damit wirtschaftlicher zu werden. Dabei ist sie durchaus bereit, Privat-Bahnen die Weiterbedienung zu übertragen. Private

Eisenbahngesellschaften haben zugegriffen, die Wettbewerbintensität im Schienengüterverkehr nimmt zu. Vor allem im grenzüberschreitenden Bereich wird der Schienengüterverkehr immer mehr an Bedeutung gewinnen.

Die Zunahme im Güterverkehr wird sich nach Prognosen in den nächsten 15 Jahren um zwei Drittel erhöhen. Das ist eine Herausforderung an die Schiene. Eine auf die Systemvorteile in der auf ökologische Nachhaltigkeit ausgerichteten Verkehrspolitik setzt auf die Stärkung des Verkehrsträgers Schiene im Güter- und Personenverkehr.

Die Marktantritte der Privat-Bahnen beschränken sich bisher – mit einer Ausnahme (s.u.) – auf relativ leicht zu übernehmenden regionalen Personenverkehr mit Triebwagen. In diesem Bereich sind im Wettbewerb gegen den Marktführer DB AG bereits achtbare Erfolge erzielt worden.

Das Bahnunternehmen Connex, das zum französischen Vivendi-Konzern gehört und bereits eine Reihe von Nahverkehrsleistungen im Bundesgebiet erbringt, bot im August des Jahres 2001 der Management-Holding Deutsche Bahn AG an, den Interregioverkehr einschließlich der Fahrzeugflotte zu übernehmen. Allerdings rechnete Connex dabei auch auf Länderzuschüsse für den Nahverkehrsanteil der IR-Fahrgäste. Die DB AG nahm dieses Übernahmeangebot nicht an. Deshalb entschloss sich Connex zu einem anderen Schritt in Richtung Fernverkehr: Seit dem 1. März 2002 betreibt das Unternehmen unter dem Namen »InterConnex« auf eigene Rechnung die Verbindung Gera–Leipzig–Berlin–Rostock.

Die Ausschreibung von Verkehrsleistungen im Fernverkehr wird unter Beteiligung der Länder (Fahrgast-Mix: Nah- und Fernverkehr) nicht zu umgehen sein. Insbesondere auch deshalb nicht, weil DB Regio (!) am 20. November 2001 in Dortmund erklärte, künftig IR-Züge als »Expresslinien« mit Triebwagen und im Doppelstock-Dieselbetrieb fahren zu wollen. Bis 2015 soll diese Umstellung abgeschlossen sein. Eine Begehrlichkeit auf die Regionalisierungsmittel der Länder ist unverkennbar. Die Verkehrsminister der Länder haben beim Bund bereits die Aufstockung der Regionalisierungsmittel um 100 Millionen Euro gefordert, um den Wegfall großer Teile der IR-Linien aufzufangen. Bislang hat der Bund aber nur die Kürzung der Mittel erkennen lassen.

Gespannt darf man sein, welche Schwerpunkte das EU-Weißbuch zur europäischen Verkehrspolitik bis 2010 bereithält. Dem Vorentwurf ist zu entnehmen, dass:

* Der Straßentransport seinen derzeitigen Anteil von 44 Prozent nicht übersteigen soll.
* Der Schienen- und Schiffsverkehr müsse um 40 Prozent gesteigert werden.
* Verkehrsträger mit geringer Umweltbelastung seien über das künftige europäische Gebührensystem zu fördern.

Gespannt darf man ebenfalls sein, wie die Verteilung der Maut-Einnahmen für schwere Lkw ab Anfang 2003 aussehen wird, wenn dieser Termin überhaupt zu halten ist. Die einschlägigen Gesetze sind in Vorbereitung. Einer im Eigentum des Bundes befindliche Gesellschaft soll die Finanzierung von Bundesstraßen, Bundeswasserstraßen sowie von Bau, Ausbau und Ersatzinvestitionen der Schienenwege der Eisenbahnen des Bundes übertragen werden.

Wird für die Infrastruktur der DB Netz AG noch ein Brosame abfallen? Noch ist die Aufteilung der Maut-Einnahmen nicht geregelt. Es wird schwer. Die Länder verlangen die Zweckbindung der Einnahmen für den Ausbau der unterschiedlichen Verkehrswege, aber auch Entlastungen für das heimische Lkw-Gewerbe, ohne selbst Gelder aus ihrem Kfz-Steuertopf abgeben zu wollen.

1. Einleitung

Wohl nie zuvor in der Geschichte des Verkehrsmittels Eisenbahn – einmal abgesehen von den Gründerjahren – ist über dessen Sinn und Zweck, Gegenwart und Zukunft so heftig und umfassend diskutiert und auch berichtet worden wie in den zurückliegenden zwei Jahrzehnten. Stellte man eine Rangliste der Themen und Streit-Punkte auf, käme dem Komplex Stilllegungen wohl unangefochten die Spitzenposition zu. Über deutsche Eisenbahnstrecken, die ihren Personenverkehr verloren haben, lassen sich ganze Bände füllen. Unter dem Titel »Abschied von der Schiene« haben wir allein für die Jahre 1980-1999 auf inzwischen 1030 Seiten leider eine ganze Flut von Daten, Hintergründen und Abbildungen zu diesem unerfreulichen Teil der jüngeren deutschen Eisenbahngeschichte zusammentragen müssen. Und bei diesen über tausend Seiten wird es nicht bleiben.

Doch gibt es auch eine andere Seite. Es sind nicht nur Strecken – ländliche Nebenbahnen vor allem – stillgelegt worden, es sind auch ganz neue Verbindungen entstanden. Und zwar viel mehr, als man auf den ersten Blick meint. Mit dem Fortschreiten der Arbeiten am vorliegenden Buch überraschten uns zunehmend Vielfalt und Ausmaß dieses in der Literatur bislang überhaupt noch nicht systematisch bearbeiteten Themas. Natürlich kennt jeder Eisenbahninteressierte die großen Neubaustrecken für den Hochgeschwindigkeitsverkehr, weiß von der Untertunnelung der Großstädte für die S-Bahnen, von der Reaktivierung einst von der Innerdeutschen Grenze geteilter Strecken. Aber da ist noch weit mehr passiert, und es sind manchmal vergleichsweise kleine bauliche Maßnahmen wie z. B. Verbindungskurven, die hier oder dort dem Schienenverkehrsangebot plötzlich ein neues, besseres Gepräge gaben.

Der Hauptteil dieses Buches beginnt mit den Neubaustrecken für den Hochgeschwindigkeitsverkehr (HGV). Deren große Projekte wie Hannover–Würzburg, Mannheim–Stuttgart oder Wolfsburg–Berlin sind wohl jedermann bekannt, sie werden deshalb recht kurz und knapp behandelt. Daneben gibt es vier weitere, eher kleine Streckenneubauten, vielleicht eher unscheinbar, aber hochinteressant. Und es gibt schließlich ganze Bündel neuer Verbindungen, welche als S-Bahnen das Licht der Welt erblickten. Auch S-Bahnen sind eigentlich ein Thema für sich, welches in einem Buch wie diesem nur in sehr gestraffter Form behandelt werden kann.

Ein paar Worte zu den reaktivierten Strecken. Auch hier lassen sich zumindest zwei Hauptgruppen unterscheiden. Da sind zum einen solche Verbindungen, die einst infolge der Teilung Deutschlands aufgegeben worden waren und alsdann in einen Jahrzehnte langen Dornröschenschlaf fielen – und nicht selten sogar ganz oder teilweise abgebaut, letztlich fast vergessen wurden. Das betrifft in diesem Buch sechs Strecken. Ähnlich gelagert sind jene Fälle, bei denen es um Verbindungen zwischen der Bundesrepublik Deutschland bzw. der untergegangenen DDR und den östlichen Nachbarstaaten Polen und Tschechien geht.

Neben diesen Nutznießern der Wiedervereinigung bilden die zahlreichen wieder belebten Nebenstrecken – die meisten von ihnen finden wir im Südwesten Deutschlands – die zweite Hauptgruppe. Je nach Zählweise[1] betrifft das allein für Rheinland-Pfalz und Baden-Württemberg 18 Verbindungen; das sind, wenn man die grenzüberschreitenden Strecken – deren Reaktivierungsgründe sind natürlich anderer Natur – nicht mitrechnet, mehr als in allen anderen Bundesländern zusammen.

Ein nicht geringes Problem stellte die Antwort auf die Frage dar, welche reaktivierten Strecken überhaupt Thema des Hauptteils dieses Buches sein sollten. Die meisten Fälle stehen außer Frage, es gibt jedoch auch Grenzfälle, wo eine Trennung erläutert werden muss. Zwecks Eingrenzung des Themas nicht berücksichtigt wurden letztlich diejenigen Verbindungen, auf denen nur gelegentlich Sonderfahrten angeboten werden oder solche, auf denen lediglich an einigen Tagen im Jahr Museumsbahnen

1 Was mit dieser Anmerkungen gemeint ist, erklärt sich später im Haupttext von selbst.

verkehren. Basiskriterium ist also, dass es sich als Grundvoraussetzung um Eisenbahnen des öffentlichen Verkehrs handelt, auf denen – wenn teils auch nur saisonal – als zusätzliches Kriterium regelmäßiger öffentlicher Betrieb in einem festen Rhythmus angeboten wird, und zwar mindestens mit wöchentlicher Wiederkehr der Verkehrstage.
Dabei spielt es keine Rolle, ob hauptsächlich oder ausschließlich Wochenend-Ausflügler diese Angebote nutzen, ist doch Wochenend-Verkehr keineswegs Kleinkram, sondern längst ein zentraler Problempunkt und Bestandteil deutscher Verkehrspolitik. Solche Bahnen findet man wie die anderen »normalen« Strecken im Hauptteil des offiziellen Kursbuches zwischen den Nummern 100 und 999 (der Ausnahmen sind sich die Autoren bewusst); Nostalgie- und Museumsbahnen rangieren dort unter 12100 bis 12995 und werden hier also in der Regel nicht berücksichtigt.
Nicht weiter behandelt werden außerdem solche Strecken, die nur für kurze Zeit nicht bedient wurden, wo also bei Einstellung des Reisezugverkehrs schon abzusehen war, dass – etwa nach Abschluss von Modernisierungsarbeiten – der Verkehr wieder aufgenommen werden sollte. Stark vereinfacht ausgedrückt heißt das: In diesem Buch geht es neben den neu eröffneten Strecken um solche, die einst eingestellt wurden und von denen zum Zeitpunkt der Einstellung niemand annehmen konnte, dass sie eine Renaissance erleben würden. Das ist die Mehrheit.
Ganz am Ende dieses Buches, hinter den Neutrassierungen und Verbindungskurven, finden sich einige derjenigen Verbindungen, deren Stern im Berichtszeitraum neu im Personenverkehrsangebot aufblitzte, inzwischen aber wieder erlosch.

2. Neubaustrecken

2.1 Die Strecken für den Hochgeschwindigkeitsverkehr (HGV)

Das Verhältnis der deutschen Eisenbahnfans zum Verkehrssystem Schiene ist, vorsichtig formuliert, nicht immer ganz entspannt. Da wird – leider nur allzu häufig gar nicht einmal zu Unrecht – über die alten Fahrzeuge, die alten Strecken und die alten Sitten gemosert. Aber sobald Neues erscheint, geht das Wehklagen oft erst richtig los, frei nach dem Motto: »Eine neue Bahn ja, aber doch nicht so!« Wobei deutlich der Unterton zu hören ist: »Wenn ihr mich gefragt hättet, ich hätte es wohl besser zu machen gewusst!«

So klang denn auch das Echo auf Bau und Inbetriebnahme der ersten beiden Neubau-Fernstrecken der jüngeren Generation, nämlich der Hochgeschwindigkeitslinien Mannheim–Stuttgart und Hannover–Würzburg, aus so mancher Kehle doch recht schrill. Noch heute hält sich die Behauptung, hier seien für bestenfalls geringen zusätzlichen Nutzwert Riesensummen zum Fenster hinausgeworfen worden. Nun ja, es mag durchaus Zeitgenossen geben, die eine Reise von – sagen wir mal – Bremen nach Frankfurt weder mit dem Auto noch mit dem Flugzeug oder gar mit dem ICE unternehmen möchten, sondern sofort wieder den legendären »Heckeneilzug« zwischen der Hafen- und der Messestadt wählen würden; wir sind jedoch beide der Meinung, dass es sich hierbei um eine Minderheit handelt.[1]

Außerdem sind wir überzeugt, dass die Deutsche Bahn heute ziemlich kläglich dastünde ohne ihre neuen Strecken. Zugegeben, der alte Anspruch, die Ur-Zielvorgabe der Bundesbahn für ihre Neubaustrecken, welche da lautete: »Doppelt so schnell wie das Auto, halb so schnell wie das Flugzeug«, sie ist verfehlt worden, denn in den letzten 20 Jahren sind nicht nur die Züge schneller geworden, sondern auch die Autos. Aber wer den tagtäglichen Betrieb auf dem Schienennetz der Deutschen Bahn AG heute verfolgt kommt um die Feststellung nicht umhin: Ohne die neuen Magistralen Mannheim–Stuttgart und Hannover–Würzburg würde das Verkehrssystem Schiene in der Bundesrepublik Deutschland nicht mehr funktionieren.

2.1.1 Hannover–Würzburg

Genug der Vorrede, blicken wir zurück: Nach dem Zweiten Weltkrieg pendelten sich die Verkehrsströme in Deutschland in eine neue Lage ein. Infolge der Teilung des Landes verkümmerten die alten Ost-West-Routen, welche 100 Jahre lang den Eisenbahnverkehr dominiert hatten, an ihrer Stelle gewann der Nord-Süd-Verkehr eine neue Dominanz. So kam es, dass seit den Fünfzigerjahren die zwar auch zuvor schon relativ gut ausgelastete, aber doch nicht überragende Route Hannover–Bebra–Fulda–Frankfurt/Würzburg plötzlich neben den Rheintal-Linien sowie deren Anschlüssen aus dem Rheintal Richtung Bayern (vor allem via Stuttgart) im Brennpunkt des Geschehens stand. So wichtig diese Verbindung, verstärkt durch die immer enger werdende Einbindung Deutschlands in einen neuen europäischen Fernverkehr von Skandinavien bis Italien, bald auch sein sollte, so wenig geeignet war sie dafür. Vor allem der Abschnitt Eichenberg–Bebra–Fulda–Flieden–Würzburg war wegen seiner Neigungen und engen Kurvenradien für Reise- wie Güterzüge höchst problematisch. Auf mehreren Abschnitten mussten hier zu Zeiten des Dampfbetriebs, also bis 1963, schwere Züge sogar nachgeschoben werden. Das war für die Bundesbahn schon problematisch genug; geradezu bedrohlich, ja bestandsgefährdend wurde die mangelnde Leistungsfähigkeit der Nord-Süd-Strecke dadurch, dass in den Sechzigerjahren immer neue Autobahnen den LKW- wie den PKW-Verkehr enorm beflügelten. Die Eisenbahn, einst der große Marktführer im Güterverkehr, kam immer mehr unter die Gummi-Räder. Und weil der Güterverkehr

1 Um Missverständnissen vorzubeugen: Beide Autoren erinnern sich sehr gern dieses legendären Zugpaares.

Riesige Talbrücken sind das Charakteristikum der Neubaustrecke Hannover–Würzburg. Bei Hannoversch Münden wird das Werratal direkt neben der Autobahnbrücke aus den Dreißiger Jahren überbrückt. Aus optischen Gründen wurden auch die Pfeiler der neuen Eisenbahnbrücke analog der alten Autobahnbrücke mit rötlichem Sandstein verkleidet, was man sich nur bei der mittleren provisorischen Autobahnbrücke erspart hat. 120 133 zieht im August 1991 einen Intercity nach Süden.

Zwei ICE 1 begegnen sich im Februar 1998 auf der Pfieffetalbrücke bei Malsfeld. Auch vor weit über 100 Jahren entstand hier schon ein gigantisches Schienenverkehrssystem: Unten im Tal verlief die so genannte Kanonenbahn, mit der Berlin mit Metz im frisch annektierten Elsass-Lothringen verbunden wurde. Seit 1945 ist diese Strecke nicht mehr durchgehend befahrbar.

damals noch das finanzielle Rückgrat der Eisenbahn war, konnte es, nachdem mit der Elektrifizierung und Modernisierung der Signaltechnik (Selbstblock, Gleiswechselbetrieb etc.) so ziemlich alle praktikablen Möglichkeiten zur Stärkung der bestehenden Strecke ausgereizt waren, nur zwei Lösungen geben: Entweder man baute der Eisenbahn neue Wege und gab ihr dafür neue Züge, oder man wickelte die Bundesbahn ab. Wobei mit »man« die Bundesrepublik Deutschland gemeint ist, Eigentümerin der Bundesbahn und heute alleinige Aktionärin der Deutsche Bahn AG.

Die Eigentums-Verhältnisse waren insofern der alles entscheidende Faktor, als schon damals die Bundesbahn Milliardeninvestitionen, wie sie neue Fernstrecken nun einmal darstellen, aus eigener Kraft – sprich: mit den selbst erwirtschafteten Einnahmen – niemals hätte schultern können. Die DB fuhr schon lange mit roten Zahlen, selbst die vergleichsweise überschaubaren Anstrengungen der Fernstrecken-Elektrifizierung hatten nur zum Erfolg führen können, weil sich die Europäische Gemeinschaft und die Bundesländer daran beteiligten. Völlig neue Fernlinien erforderten auch eine völlig neue Finanzierung. Nun musste der Bund ran. Und der ließ sich bitten: Als nach unendlich zähen Vorbereitungen am 13. August 1973 mit dem obligatorischen Ersten Spatenstich in Laatzen bei Hannover[2] die Bauarbeiten für die erste große Fernbahn seit vielen Jahrzehnten begannen, war die Finanzierung immer noch nicht geklärt. Aber, so viel vorweg, dieses Problem wurde gelöst.

Über die Neubaustrecke Hannover–Würzburg sind schon viele, viele Seiten Papier beschrieben worden, wir können uns hier auf das Wesentliche konzentrieren. Da ist zum einen die Trassierung: Die neue Strecke sollte über Kassel geführt werden, nicht über Bebra; die kurhessische Metropole kam damit endlich aus ihrer verkehrsgeografischen Randlage heraus. Außerdem sollte die neue Nord-Süd-Magistrale auch für Güterzüge zu gebrauchen sein und durfte deshalb keine Neigungen von mehr als 12,5 Promille aufweisen. Da gleichzeitig der Hochgeschwindigkeitsverkehr mit 250 km/h und mehr extrem große Kurvenradien[3] verlangte, war ein weiteres Charakteristikum des Gesamtbauwerks vorgegeben: Die Strecke musste, da sie fast ausschließlich durch den Mittelgebirgsraum führt, großenteils auf kühnen Brücken und in langen Tunnels liegen. In der Tat wurden zwischen Hannover und Fulda mehr – und längere! – Tunnels und mehr – und dabei zumeist höchst imposante! – Brücken angelegt als auf jeder anderen deutschen Eisenbahnstrecke.

Rund 13 Milliarden Mark kostete die 327 km lange[4] neue Magistrale, und wer sie durchfährt, sieht auf 121 km die Betonschale eines der 61 Tunnels von innen, auf 82 km die begrünte Wand eines Einschnitts, ansonsten viele Lärmschutzwände auf den zahllosen Brücken und in der Nähe von Ortschaften. An dieser Stelle sei hinzugefügt, dass die Planer die NBS aus Lärmschutzgründen bewusst aus den dichter besiedelten Regionen fern hielten. Das brachte der DB im Gegenzug den Vorwurf ein, die neue Strecke verschandele viele bis dahin so stille und ursprüngliche Landstriche.

Rund 15 Jahre nach Beginn der Bauarbeiten wurden die ersten beiden Teilstücke mit Beginn des Sommerfahrplans am 29. Mai 1988 in Betrieb genommen: im Süden Fulda–Würzburg (94 km) mit dem 10.780 m langen Landrückentunnel, dem längsten deutschen Eisenbahntunnel, im Norden das 13 km lange Teilstück Edesheim–Nörten-Hardenberg mit der Umfahrung des Engpasses Northeim. Durchgehend in Betrieb ist die NBS Hannover–Fulda seit dem 1. Juni 1991; dabei handelt es sich bekanntlich nicht um Eisenbahn-Betrieb herkömmlichen Zuschnitts, sondern – wie auch auf der anderen zu diesem Zeitpunkt fertig gestellten Neubaustrecke zwischen Mannheim und Stuttgart – erstmals in Deutschland auch um Hochgeschwindigkeitsverkehr von über 200 km/h mit den neuen ICE-Zügen, die planmäßig bis zu 250 km/h erreichen.

Zum 1. Juni 1991 ging auch der Abzweig vom NBS-Betriebsbahnhof Sorsum nach Emmerke (Sorsumer Kurve) in Betrieb, die eine Verbindung mit der Strecke Nordstemmen/Barnten–Hildesheim herstellt. Dieser Abzweig war zunächst zur Anbindung Hildesheims und Braunschweigs an die neue Nord-Süd-Magistrale gedacht, durch die inzwischen sich vollziehende Wiedervereinigung Deutschlands sorgte er aber auch sofort für die Anbindung Berlins an die neue Magistrale.

Eine weitere Seiten-Verbindung der NBS Würzburg–Fulda darf natürlich nicht vergessen werden, die so genannte Nantenbacher Kurve. Sie verknüpft – ungefähr in Höhe des unterfränkischen Eisenbahnknotens Gemünden – die NBS mit der Magistrale Würzburg–

2 Etwa von hier bis zum Hauptbahnhof Hannover nutzt die NBS die vorhandenen Trassen mit.

3 Der Regelradius beträgt 7100 m und Mindestradius 5000 m.

4 Gemessen von Hannover Hbf bis Würzburg Hbf.

Damit auch die Würzburg-Frankfurter-Route von der Neubaustrecke Würzburg–Hannover profitiert, wurde die Nantenbacher Kurve erbaut. Im Oktober 1996 überquert 103 116 mit ihrem Eurocity den Main. Die klassische Intercity-Lok der Baureihe 103 war auf den Neubaustrecken nur sehr beschränkt einsetzbar, weil die Führerstände nicht druckdicht und damit für den Lokführer nicht zumutbar waren.

Aschaffenburg und erlaubt es den IC/EC und ICE der Relation Würzburg–Frankfurt (und umgekehrt natürlich), auf die Fahrt durchs schöne Maintal über die altbayerische Ludwigs-Westbahn bis auf einen kurzen Abschnitt zu verzichten und so rund acht Minuten Fahrzeit einzusparen. Die 11 km lange Verbindung ging am 29. Mai 1994 in Betrieb, ihr Kernstück sind die 659 m lange Nantenbacher Mainbrücke und der sich direkt südlich an diese anschließende Schönrain-Tunnel (3941 m lang).

Bei Sorsum entstand bis 1991 eine eingleisige Verbindungskurve, die Hildesheim und Braunschweig sowie über die Weddeler Schleife auch Wolfsburg und Berlin an die Schnellfahrstrecke nach Würzburg anschließt. Im Zuge des geplanten Streckenausbaus zwischen Braunschweig und Hildesheim soll auch die Sorsumer Kurve zweigleisig werden. Im Dezember 1998 ist ein ICE der Baureihe 401 nach Berlin unterwegs.

2.1.2 Wolfsburg–Berlin

Es führen viele Schienen-Wege nach Berlin, bessere als jemals zuvor. Einer dieser Wege ragt heraus, wird von Fernzügen häufiger und schneller befahren als jeder andere. Von der Magistrale zwischen der Hauptstadt und Hannover ist die Rede, jener Route, die unter dem Namen »Lehrter Bahn« schon vor dem Zweiten Weltkrieg als »Rennstrecke« der Reichsbahn und zuvor der Preußischen Staatseisenbahnen Furore machte. Mit der Teilung Deutschlands und den Demontagen in der sowjetischen Besatzungszone verfiel die fortan eingleisige alte Route, durchgehende Fernreisezüge zwischen Berlin und dem Westen gab es hier nicht mehr, jedenfalls nicht östlich von Oebisfelde.

Der »Interzonenverkehr« zwischen Hannover bzw. dem Rhein-Ruhr-Gebiet und Berlin rollte über Magdeburg, über die weit langsamere Strecke also. Das war beiden deutschen Staaten damals ein Dorn im Auge, die Bundesrepublik wollte die Anbindung Berlins verbessern, die DDR suchte nach Lösungen, die ihren Binnenverkehr weniger beeinträchtigten, wurden doch die betrieblich pikanten Interzonenzüge, die auf jeden Fall für DDR-Normalbürger außer Reichweite bleiben mussten, mehr und mehr zu einer Belastung des expansiven DDR-Eisenbahnbetriebs.

Bis 1989 hatten die Verhandlungen zwischen Bonn und Ost-Berlin bereits recht fassbare Ergebnisse gezeitigt. Bonn wollte eine Strecke, die möglichst kurz und schnell war. Ost-Berlin wollte im Grunde das Gleiche, wenn auch aus anderen Motiven, nämlich eine reine Transitstrecke mit möglichst wenigen Verknüpfungen zum übrigen Eisenbahnnetz, um jede Möglichkeit zur Republikflucht von vornherein auszuschließen. Der beste Weg war – auch darüber bestand Einigkeit – ein Ausbau der Lehrter Bahn für 200 km/h mit einer Umfahrung des Bahnknotens Stendal.

Bei diesem Stand der Dinge brachen die Ereignisse vom Herbst 1989 über das Projekt herein, und es brauchte nur wenige Monate, um aus einem Ausbau der Lehrter Bahn, der angesichts des trostlosen Zustands der Altstrecke natürlich einem kompletten Neubau auf vorhandener Trasse mit einer zusätzlichen Umfahrung Stendals gleich gekommen wäre, ein Bahnprojekt ganz neuer Qualität zu machen: zweigleisiger Ausbau der Lehrter Bahn zwischen Lehrte und Spandau auf der vor-

Bei Oebisfelde donnern im November 1998 zwei gekuppelte ICE 2-Garnituren über die Überführung der Neubaustrecke über die beiden hier ebenfalls neu trassierten eingleisigen Strecken der Nebenbahn nach Salzwedel und der Stammbahn.

Teilweise wurde auch die Stammbahn vollständig neu errichtet, so wie hier bei Uchtspringe, wo sie im August 1999 von einem Regional-Express mit 218 109 an der Spitze befahren wird. Während die Stammbahn nicht elektrifiziert ist und einen Schotteroberbau aufweist, ist die Schnellfahrstrecke mit einer so genannten Festen Fahrbahn und mit Schnellfahr-Oberleitung ausgerüstet.

handenen Trasse mit einer größeren Abweichung bei Uchtspringe, wo die Stammstrecke inzwischen mitten durch das weitläufige Gelände der psychiatrischen Landesanstalten führte; zusätzlich Bau einer zweigleisigen Hochgeschwindigkeitsstrecke zwischen Oebisfelde und Staaken, die im Wesentlichen – mal links, mal rechts – neben der Lehrter Bahn liegt und die Stadt Stendal im Süden weiträumig umfährt. 1990 waren eben die Hoffnungen auf ein geradezu explosives Wachstum des Schienenverkehrs, speziell des Güterverkehrs, noch enorm.

Wir überspringen einige Jahre und sehen, was wirklich gekommen ist. In der Tat ist eine 163 km lange, für 250 km/h ausgelegte zweigleisige Hochgeschwindigkeitsstrecke geschaffen worden, und zwar de facto zwischen Wolfsburg und Staaken; die Linie Lehrte–Wolfsburg wurde für 200 km/h ausgebaut. Offiziell – besser: laut Planungs- bzw. Baurecht – beginnt die Hochgeschwindigkeitsstrecke jedoch nicht in Wolfsburg, sondern erst 10 km weiter östlich in Oebisfelde, also auf dem Gebiet der ehemaligen DDR. Diese Hochgeschwindigkeitsstrecke funktioniert, mit einigen Ausnahmen, unabhängig von der Stammstrecke und umfährt Stendal wie vorgesehen. Überleitungen von der NBS auf die Stammstrecke sind sowohl westlich als auch östlich Stendals vorhanden und werden von einigen ICE-Zügen in Tagesrandlage sowie den auf der NBS verkehrenden Interregios auch benutzt. Bei Staaken trifft die Strecke auf die Berlin-Hamburger Bahn, mit der sie gemeinsam in den neuen Bahnhof Spandau führt und dann via Charlottenburg ihre Züge auf die Stadtbahn leitet (mehr dazu im Berlin-Kapitel ab Seite 62).

Auch die Stammstrecke wurde grundlegend modernisiert, allerdings weit sparsamer als zunächst vorgesehen. Ab Wolfsburg liegt lediglich ein einzelnes weiteres Gleis, das zudem größtenteils nicht einmal elektrifiziert ist, neben der Neubaustrecke. Zwischen den Abzweigstellen Bamme und Ribbeck östlich von Rathenow gibt es die Stammstrecke auf 18 km de facto gar nicht, denn hier, im berühmten Großtrappen-Schutzgebiet, existiert nur die zweigleisige elektrifizierte Magistrale, auf der mit Rücksicht auf das geringe Beschleunigungsvermögen der seltenen Vögel auch nur eine Höchstgeschwindigkeit von 200 km/h gefahren werden darf. De jure ist es hingegen so, dass hier die Neubaustrecke nicht vorhanden ist, also die Züge im Schutzgebiet auf der hier zweigleisig ausgebauten und elektrifizierten Stammstrecke fahren.

Trotz mancher Peinlichkeiten, fertig geworden ist die Neubaustrecke doch. Zunächst waren es Interregio-Züge der Relation Bad Bentheim–Hannover–Berlin, die von der neuen Magistrale Gebrauch machten, nämlich mit Beginn des Jahresfahrplans 1998/99 am 24. Mai 1998, und zwar zunächst nur zwischen Oebisfelde und Stendal, genauer: dem Abzweig Möringen, ab dort fuhren sie weiter über die Altstrecke. Ein halbes Jahr später, am 27. September 1998, ging auch der restliche Abschnitt bis Staaken in Betrieb, mit diesem Datum begann dann auch der planmäßige Hochgeschwindigkeitsverkehr mit ICE 1 und ICE 2.

Dieser 27. September 1998 ist für die Hochgeschwindigkeitsstrecke auch deshalb ein wichtiges Datum, weil nun zudem die so genannte Weddeler Schleife zur Verfügung stand, über welche die ICE-Züge der Relation Berlin–Braunschweig–Hildesheim–Sorsumer Kurve–Kassel–München verkehren. Bei diesem Bauwerk handelt es sich um eine 20 km lange Verbindung zwischen der Abzweigstelle Weddel an der Magistrale Braunschweig–Magdeburg sowie Fallersleben an der Lehrter Bahn. Zwar nutzt die Weddeler Schleife in ihrem nördlichen Bereich die Trasse einer älteren Nebenbahn mit, zum großen Teil handelt es sich aber um einen kompletten Neubau. Ihre Trasse ist im Neubau-Bereich für 160 km/h und zwei Gleise ausgelegt, aber zunächst nur eingleisig mit Kreuzungsmöglichkeit ausgeführt worden.

2.1.3 *Köln–Rhein/Main*

Um es kurz zu machen: Hier sollte so ziemlich alles anders werden. Auf ihrer am stärksten belasteten Verkehrsachse, derjenigen zwischen Köln und dem Rhein-Main-Gebiet nämlich, baut die DB nicht nur eine kürzere und schnellere Strecke, sondern auch eine solche, die – erster wesentlicher Unterschied zu den älteren Neubaustrecken – ausschließlich für den Hochgeschwindigkeitsverkehr mit leistungsstarken ICE-3-Zügen ausgelegt ist. Da man also auf Güterzüge keine Rücksicht nehmen muss, konnten die Bauingenieure Neigungen bis zu 40 Promille realisieren. Außerdem sollte – zweiter wesentlicher Unterschied – eine neue Vorgehensweise bei der Verwirklichung erprobt werden mit dem Ziel, kostengünstiger und schneller zu bauen als die brave, alte Bundesbahn. Das ist gründlich schief gegangen, die NBS Köln–Rhein-Main ist bekanntlich viel teurer geworden als geplant, und etwa zwei Jahre später fertig wurde sie auch.

Auf der Weddeler Schleife zwischen Braunschweig und Fallersleben ist im April 1999 eine ICE 1-Garnitur mit ICE 2- Triebköpfen in Richtung Wolfsburg unterwegs. Hinter dem im Bild vorderen Triebkopf 402 014 läuft der Messwagen 410 203, mit dem Bauteile für die ICE 3-Generation erprobt wurden. In Bildmitte ist der Bahnhof Brunsrode aus den Dreißigerjahren erkennbar, der an der damals neu gebauten, direkten Strecke nach Braunschweig liegt.

Auf gut 13 km, im Frankfurter Westen nämlich, kann man die neue Strecke mit der ebenso neuen Station namens Frankfurt/Main Flughafen Fernbahnhof bereits seit dem 30. Mai 1999 in planmäßigen IC/EC- und ICE-Zügen befahren. Man muss sich die Sache so vorstellen: Die Neubaustrecke aus Köln überquert neben der Autobahn A3, der sie auf dem allergrößten Teil ihres Weges folgt, bei Raunheim den Main, folgt weiter der A3, erreicht den Flughafen und den neuen dortigen Bahnhof – der alte unterirdische Flughafen-Bahnhof dient jetzt nur noch dem Nahverkehr –, um sich schließlich zu verzweigen: Über die Kurve Sportfeld bzw. die Kurve Zeppelinheim mündet die NBS so in die Riedbahn Mannheim–Frankfurt, dass zum einen via Sportfeld Frankfurts City, zum anderen Mannheim angesteuert werden kann.

In Raunheim ist die NBS durch eine weitere Verbindungskurve so an die Stammstrecke Frankfurt–Mainz angebunden, dass die vom neuen Flughafen-Bahnhof kommenden Züge die NBS hier in Richtung Mainz verlassen können bzw. bis zur Inbetriebnahme der neuen Strecke nach Köln verlassen müssen oder mussten. Eine vierte Verbindungskurve, unweit der Raunheimer gelegen, sorgt außerdem dafür, dass ab Ende 2002 Züge aus Köln zum Frankfurter Hauptbahnhof direkt auf die alte Mainz-Frankfurter Strecke einschwenken können und nicht den Umweg über den Flughafen nehmen müssen; Entsprechendes gilt auch hier für die Gegenrichtung.

Auch die Wiesbadener haben ihre Verbindungskurve bekommen, die bislang miserable Anbindung der hessischen Landeshauptstadt an das Fernverkehrssystem ist

Die beeindruckende Glaskuppel des Frankfurter Flughafenbahnhofs war noch nicht ganz fertig gestellt, als bekannt wurde, dass sie wieder abgerissen werden soll, weil ein Investor den Luftraum über dem Bahnhof gekauft habe. Inzwischen scheint es so, dass die Kuppel doch stehen bleiben darf (Aufnahme vom 1. 4. 2000).

Wichtigstes Teilstück der Neubaustrecke Köln–Frankfurt war bis Sommer 2002 der neue Frankfurter Flughafenbahnhof. Am 14.9.2001 macht ein Intercity hier Station. 101 055 trägt Anfang 2001 Vollreklame für Fleisch aus deutschen Landen. Die Lok war gerade frisch beklebt worden, als BSE und MKS die Verbraucher in deutschen Landen zeitweilig irritierten.

mit der NBS Köln–Rhein/Main Geschichte. Der Anschluss Wiesbadens geht einher mit einer Neutrassierung der Strecke Niedernhausen–Wiesbaden auf gut 2 km in unmittelbarer Nähe zum Hauptbahnhof der Kurstadt, seit dem 12. Juli 1999 werden hier neue Wege befahren.

Letzter Stand der Dinge bei Abschluss des Manuskriptes: Mit dem Fahrplanwechsel im Dezember 2002 soll die gesamte Neubaustrecke zur Verfügung stehen. In 58 oder 59 Minuten werden dann die schnellsten Züge eine Verbindung zwischen den Hauptbahnhöfen von Köln und Frankfurt/Main bzw. Wiesbaden herstellen, bis dahin dauert die Reise gut 130 Minuten. Dies ist angesichts der außerordentlichen Bedeutung der »Rheinschiene« für den gesamten deutschen Schienenfernverkehr wohl der größte Fortschritt, den das System Eisenbahn im letzten halben Jahrhundert hier zu Lande erfahren hat.

2.1.4 Mannheim–Stuttgart

Der oben bereits genannte 1. Juni 1991 ist wahrlich ein Meilenstein in der Geschichte des deutschen Eisenbahnverkehrs, denn am selben Tag begann auch auf der NBS Mannheim–Stuttgart der durchgehende Hochgeschwindigkeits-Verkehr. Der bautechnische Vorlauf der neuen Bahnlinie von Mannheim nach Stuttgart ist etwas komplizierter als derjenige der NBS zwischen Hannover und Würzburg. Das hat mit der unglücklichen Lage des Mannheimer Hauptbahnhofs zu tun. Züge der Relation Frankfurt–Stuttgart/Basel mussten hier nämlich in früherer Zeit Kopf machen, weil Mannheim Hbf. dereinst als Durchgangsbahnhof für die Relation Frankfurt/Heidelberg/Stuttgart/Basel–Ludwigshafen–Saarbrücken/Mainz ausgelegt worden war. Das entsprach aber spätestens seit Inbetriebnahme des Intercity-Systems im Herbst

Zwischen Bruchsal und Ubstadt kreuzt die Neubaustrecke (3. und 4. Gleis von links) die Hauptbahn Heidelberg–Karlsruhe. Aus der Rheinebene ragt das Atomkraftwerk Phillipsburg und dahinter der Pfälzer Wald hervor. Die beiden Gleisbögen nach rechts verknüpfen die Neubaustrecke aus Stuttgart mit Heidelberg, während der Interregio mit seiner 120 zwischen Karlsruhe und Stuttgart unterwegs ist.

1971 nicht mehr den Erfordernissen. Mannheim war damals einer der fünf ersten IC-Knoten, hier trafen sich – Bahnsteig an Bahnsteig – die IC der Routen Hamburg–Köln–Mainz–Stuttgart–München und Hamburg–Hannover–Frankfurt–Basel; letztere mussten also im Gegensatz zu den über Frankfurt verkehrenden in Mannheim Lok und Fahrtrichtung wechseln. Mit Blick auf den geplanten Hochgeschwindigkeitsverkehr und die Neubaustrecke Mannheim–Stuttgart drängte es sich förmlich auf, für die schnellen Züge aus Richtung Frankfurt – sie fahren über die so genannte Riedbahn – eine neue Einfädelung in den Mannheimer Hauptbahnhof zu bauen, wobei für die Gegenrichtung auch hier das Entsprechende gilt. Denn was nützen die neuen Schnellfahrstrecken, wenn auf den Altstrecken viele, viele Minuten mit Lokwechsel und der Umrundung einer Stadt – hier also Mannheims – vertrödelt werden?

»Westliche Einführung der Riedbahn« (WER), unter diesem Schlagwort wurde die Lösung des Problems angepackt. Hierbei handelt es sich um eine 6 km lange zweigleisige Neubaustrecke, die bei Mannheim-Waldhof aus der Stammstrecke der Riedbahn ausgefädelt wird und dann durch den Hafen und unter der Brückenrampe der Strecke nach Ludwigshafen hindurch von Nordwesten her in den Hauptbahnhof führt (der alte Weg über Mannheim-Käfertal ist etwa 3,5 km länger). Insgesamt 300 Mio. Mark wurden für die WER aufgewendet, pünktlich mit dem neuen Intercity-System IC 85 am 2. Juni 1985 ging sie in Betrieb.

Der Bau der fast vier Milliarden Mark teuren Neubaustrecke Mannheim–Stuttgart begann am 20. August 1976. Geografisch betrachtet kann man das Bauwerk in zwei Bereiche aufgliedern, denn etwa die Hälfte der Strecke liegt in der Rheinebene, die andere im Mittelgebirgsraum. Nun soll aber niemand auf den Gedanken kommen, das Teilstück in der Ebene sei viel einfacher zu realisieren gewesen. Wegen der Vielzahl der schon vorhandenen Verkehrswege – auch Eisenbahnstrecken – und der dichten Bebauung entstanden auch hier viele teure Kunstbauten, etwa der 5,4 km lange Pfingstbergtunnel, der nur von ein paar Metern Erdreich überdeckt ist und die Aufgabe hat, den Verkehrslärm vom Ort Rheinau fern zu halten.

Ein häufig vergessener Nebenaspekt der Neubaustrecke Stuttgart–Mannheim und ihres Bahnhofs Vaihingen (Enz) ist die hier kreuzende Nebenbahn der Württembergischen Eisenbahn-Gesellschaft (WEG) von Vaihingen Nord nach Enzweihingen. Auch sie erhielt unter der Neubaustrecke eine neue Trassierung samt Tunnel und natürlich einen eigenen Haltepunkt. Über Treppen geht es von hier zum Personentunnel der Hauptgleise links oben. VT 04 der WEG ist am 7.9.1994 schon fast siebzig Jahre auf deutschen Schienen unterwegs.

Vorbereitend zur Fertigstellung der Neubaustrecke wurde die alte Rheintalbahn im Bereich Hockenheim/ Neulussheim auf 6,5 km verlegt und am 1. September 1986 eröffnet. Sie schmiegt sich in diesem Abschnitt jetzt an die Neubaustrecke an. Vor Graben-Neudorf schließlich entstand ein aufwändiges Verknüpfungsbauwerk zwischen Neubaustrecke und alter Rheintal-Linie, welches es über die NBS aus Mannheim kommenden Zügen erlaubt, hier auf die alte Magistrale nach Karlsruhe/Basel überzuwechseln. Dieses 33 km lange NBS-Teilstück zwischen dem Abzweig Graben-Neudorf und Mannheim wurde am 31. Mai 1987 in planmäßigen Betrieb genommen.

Zu dieser Zeit wurde an den übrigen 67 km bis Stuttgart[5] noch gearbeitet, die zahlreichen Tunnels und Brücken und die noch viel zahlreicheren Klagen und Einwendungen gegen die Bau-Pläne forderten ihren Tribut. Zwar hat die Mannheim-Stuttgarter NBS nicht gar so imposante Tunnels und Brücken aufzuweisen wie die Hannover-Würzburger, aber auch für sie gilt in etwa die typische Drittelung: ein Drittel der Strecke liegt im Tunnel (31 Prozent), ein Drittel in Einschnitten (37 Prozent), ein Drittel auf Dämmen bzw. Brücken (22 bzw. 7 Prozent) und nur drei Prozent sind ebenerdig.

Gleichzeitig mit der Neubaustrecke Hannover–Fulda wurde auch Mannheim–Stuttgart am 1. Juni 1991 für den ICE-Verkehr eröffnet, die Reisezeit zwischen den beiden Städten halbierte sich damit von 80 auf 40 Minuten. Das Bauwerk dient aber nicht nur durchgehenden Zügen zwischen der württembergischen Hauptstadt und der nordbadischen Industriemetropole, sondern erlaubt auch andere Verkehrs-Relationen. In Vaihingen an der Enz – hier entstand ein großzügiger Verknüpfungsbahnhof mit einer größeren Neutrassierung der Altstrecke – und bei Ubstadt-Weiher nahe Bruchsal – hier entstanden aufwändige Verbindungskurven – ist sie nämlich an die Altstrecken Stuttgart–Karlsruhe bzw. Heidelberg–Karlsruhe angebunden, so dass sie auch für Fernzüge Stuttgart–Karlsruhe bzw. Stuttgart–Heidelberg genutzt werden kann, was auch hier gegenüber dem Alt-Zustand deutliche Reisezeit-Vorteile brachte.

5 Zu diesen knapp 100 km neuer Strecke kommen – vor allem in Stuttgart – noch weitere km, die auf vorhandenen Strecken zurückgelegt werden, so dass die gesamte Fahr-Distanz 107 km beträgt; die heute im Kursbuch unter Nummer 771 angegebenen 130 km beziffern den alten Weg über Mühlacker und Bruchsal.

2.1.5 Karlsruhe–Offenburg

Im Bahnhof Karlsruhe bündeln sich die beiden aus Richtung Mannheim und Heidelberg kommenden Rheintal-Magistralen in Richtung Offenburg und Basel. Von Karlsruhe bis Rastatt stehen dann nochmals zwei zweigleisige Hauptbahnen zur Verfügung, weiter südlich hingegen musste der gesamte Verkehr stets mit nur einer einzigen zweigleisigen Strecke auskommen. Bekanntlich gilt die Oberrhein-Strecke Karlsruhe–Offenburg–Freiburg seit eh und je als eine der »Rennstrecken« im deutschen Eisenbahnnetz, aber dies darf nicht darüber hinweg täuschen, dass diese Route seit drei, vier Jahrzehnten heillos überfordert ist. Denn dort, wo schnelle IC und ICE fahren, müssen die Güterzüge immer wieder ausweichen, und gerade der Güterverkehr hat hier, angefacht durch den Fall der Zollschranken in Europa, dramatisch zugenommen. Deswegen betreibt die DB seit einigen Jahren den viergleisigen Ausbau der Achse Karlsruhe–Basel. Durch den inzwischen in die Tat umgesetzten Beschluss der Schweiz, mit dem Bau »Neuer Eisenbahn-Alpen-Transversalen« (NEAT)[6] zu beginnen, ist das Vorhaben noch dringlicher geworden; denn was nutzen die ganzen neuen Transit-Kapazitäten durch die Schweiz, wenn die wichtigste Zulaufstrecke aus dem Norden, die Rheintallinie der DB nämlich, längst ihre Grenzen erreicht hat?

Unabhängig vom NEAT-Beschluss der Eidgenossen ist zwischen Karlsruhe und Offenburg der Bau einer neuen Oberrhein-Hochgeschwindigkeitstrecke längst begonnen worden, ist doch hier wegen der in bzw. bei Offenburg abzweigenden Strecken nach Konstanz (Schwarzwaldbahn) bzw. Kehl/Straßburg das Verkehrsaufkommen besonders dicht. Diese NBS folgt zwischen Rastatt und Offenburg im Wesentlichen der alten Linie, die dabei im Zuge der Bauarbeiten jedoch abschnittsweise neu trassiert wurde. Meistens geht es dabei um eine Verlegung um nur wenige Schritte, im Bereich von Achern jedoch wurde die neue gemeinsame Trasse von »alter« Rheintalbahn und HGV-Strecke um etwa 100 m vom Ortskern weg nach Westen gerückt.

Zwischen Ottersweier bei Bühl und Offenburg ist die neue Strecke auf 26 km seit dem 21. Mai 2000 durchgehend in Betrieb. Schon zuvor waren einige NBS-Abschnitte, zum Teil aber nur zeitlich befristet, in Betrieb

6 Dazu gehören neue Basis-Tunnels und neue Zulaufstrecken für Gotthard und Lötschberg.

Bereits auf der endgültigen Neubaustrecke ist am 8.11.1998 101 107 mit ihrem Interregio bei Achern unterwegs. Die Gleise der neu trassierten Stammstrecke links vom Zug waren zu diesem Zeitpunkt noch nicht in Betrieb und der Interregio hielt in Achern an provisorischen Holzbahnsteigen.

Auch in Achern hatte die Neubaustrecke Einfluss auf eine private Nebenbahn. Es entstand ein völlig neuer Bahnhof an der verlegten Hauptbahn und der Neubaustrecke. Die SWEG-Strecke aus Ottenhöfen musste zu ihm verlängert werden. Auf ihr war am 8.11.1998 VT 515 der Ortenau-S-Bahn, ein Regio–Shuttle, unterwegs.

genommen worden, damit die Modernisierung der Altstrecke vorgenommen werden konnte. Den Anfang hatte am 7. März 1993 Ottersweier–Achern gemacht, und zwar das Nord-Süd-Gleis, das Gegengleis folgte am 28. März.

Die Rheintalbahn ist hier also viergleisig bzw. wird derzeit auf viergleisigen Betrieb umgebaut. Zwischen Bühl und Baden-Baden sollten die Arbeiten noch 2002 abgeschlossen werden, zwischen Baden-Baden und Durmersheim (bei Karlsruhe) wird alles wohl noch ein paar Jahre länger dauern, denn die Neubaustrecke soll die Stadt Rastatt in einem 4,5 km langen Tunnel unterqueren, außerdem soll sie etwas weiter östlich der Orte Bietigheim und Durmersheim gebaut werden als die sehr nah an der Bebauung liegende alte Strecke.

Noch etwa bis 2012 wird man südlich von Offenburg auf die neue Strecke warten müssen. Zur Inbetriebnahme der neuen Alpen-Transversalen jedoch soll sie fertig sein, das jedenfalls haben DB und SBB vertraglich vereinbart.

2.2 Neue S-Bahn-Systeme und -Strecken

Einer der Schwerpunkte der deutschen Verkehrspolitik in der Zeit seit dem Zweiten Weltkrieg ist der Aufbau neuer S-Bahn-Systeme in den Ballungsräumen. Bis zu Beginn der Siebzigerjahre gab es in Deutschland nur deren zwei: Hamburg und Berlin. S-Bahnen zeichnen sich dadurch aus, dass sie zumindest auf den am stärksten belasteten Abschnitten, also in den Städten, über eigene Gleise verfügen, damit der dichte Taktverkehr – ein weiteres Merkmal der S-Bahn – möglichst sicher rollt. Und noch ein drittes Merkmal zeichnet eine S-Bahn aus: die über ein hohes Beschleunigungsvermögen verfügenden und auch sonst speziell auf die Anforderungen des Städteschnellverkehrs ausgelegten Fahrzeuge (Wagenbodenhöhe entspricht der Bahnsteigkantenhöhe; viele Türen für raschen Fahrgastwechsel etc.).

Über die S-Bahn der Hauptstadt ist im Berlin-Kapitel das Wesentliche nachzulesen. S-Bahnen auf dem Gebiet der ehemaligen DDR werden mit zwei Ausnahmen in diesem Buch nicht weiter behandelt, weil es sich hier bis zum Ende des Berichtszeitraums um Systeme handelt, die auf bereits zuvor bestehenden Strecken verkehren bzw. verkehrten. So ist z.B. die Rumpf-S-Bahn Erfurt schon wieder Geschichte. Ausnahmen bilden Leipzig, wo die Anbindung des Neubaugebietes Grünau erst 1984 abgeschlossen wurde, und Dresden mit seiner neuen Flughafen-Strecke.

Entsprechendes gilt auch für die S-Bahn Nürnberg, die zwar im Bereich des Hauptbahnhofes bzw. in dessen Vorfeldern eine eigene Infrastruktur erhielt, die ansonsten jedoch auf bzw. unmittelbar neben schon lange bestehenden und bereits zuvor stets von Reisezügen bedienten Strecken verkehrt.

Während rechts zwei Altbauzüge der Baureihe 471 in der Abstellgruppe des Bahnhofs Hamburg-Altona auf die nächsten Einsätze warten, fährt am 27.10.1997 der Zug links in Richtung Pinneberg. Der 472 überquert mittels komplizierter Rampen und Brücken unter anderem die zwei S-Bahn Gleise nach Holstenstraße (Linksverkehr!) und die Ferngleise in Richtung Langenfelde bzw. Elmshorn. Das Gleis links vom Triebwagen führt nach Wedel.

2.2.1 Hamburg

Beginnen wir unsere S-Bahn-Reise in Hamburg. Hier wie bei den anderen S-Bahnen gilt das Hauptaugenmerk denjenigen seit 1980 neu eröffneten Strecken, die auch ganz neue Verkehrsbeziehungen anbieten, deren zusätzlicher Nutzen gegenüber dem Alt-Angebot also nicht allein darin besteht, dass neben schon vorhandenen Gleisen bzw. Strecken zusätzlich neue gelegt wurden, auf denen dann modernere Fahrzeuge schneller und im Takt unterwegs sind. Eine solche Eingrenzung ist auch deshalb unerlässlich, weil ansonsten das Thema S-Bahnen rasch den Rahmen dieses Buches sprengen würde.

Doch zurück nach Hamburg: Hier hatte das S-Bahn-Zeitalter 1906 mit der Eröffnung des Hauptbahnhofs begonnen, und zwar auf der Verbindung Blankenese–Altona–Hauptbahnhof–Ohlsdorf; die Züge der »Hamburg-Altonaer Stadt- und Vorortbahn«[1] fuhren zunächst mit Dampf, erst 1907 konnte der elektrische Betrieb aufgenommen werden. In den folgenden Jahrzehnten wurde an den Rändern das Netz weiter ausgedehnt, zudem stellte man vom ursprünglichen Wechsel- auf das heutige Gleichspannungssystem um.

Die qualitativ bedeutendste Ausweitung erfuhr Hamburgs S-Bahn in den Siebzigerjahren, als die große City-Tunnellinie gebaut wurde, welche von Altona in einem Bogen über St. Pauli zum Hauptbahnhof und von dort weiter nach Osten bzw. Süden führt. Mit diesem Tunnel, heute befahren von den Linien S1, S2 und S3, kam die bis dahin nur am Rand der Kernstadt fahrende S-Bahn endlich direkt in bzw. unter die Innenstadt. Als erstes Teilstück ging am 30. Mai 1975 der Stumpf Hauptbahnhof–Landungsbrücken in Betrieb, den Abschluss des City-S-Bahn-Baus markierte die Anbindung an die Pinneberger Strecke an der Station Diebsteich am 31. Mai 1981.

Noch aufwändiger als die City-S-Bahn war der Bau der 23 km langen Linie vom Hamburger Hauptbahnhof

1 So lautete der offizielle Name, der Begriff S-Bahn sowie das entsprechende und bis heute gebräuchliche Logo wurden erst 1930 in Berlin für den Schnellverkehr auf den Stadt-, Ring- und Vorortbahnen eingeführt.

Ziemlich futuristisch wirkt der S-Bahnhof im Hamburger Stadtteil Hammerbrook, der bis Kriegsende durch eine U-Bahn erschlossen wurde. Am 27.9.1983 war noch ein Triebzug der Baureihe 470 auf der Strecke unterwegs. Heute verkehren auf dieser Strecke fast ausschließlich die Fahrzeuge der Baureihe 472/473, die zurzeit einer inneren und äußeren Grundüberholung unterzogen werden.

Zahlreiche Brückenbauwerke waren für die S-Bahn nach Neugraben erforderlich, darunter die Brücke über den Oberhafen, über die ein Zug der Baureihe 472/473 hinwegpoltert. Die ältere Brücke im Hintergrund, die am 10.8.1989 gerade vom D 439 befahren wird, ist heute teilweise abgebaut und stillgelegt. Direkt hinter ihr wurde parallel eine neue Brücke für ein neues Gleis Hamburg–Berlin errichtet, das nach der Wiedervereinigung für die zusätzlichen Fernzüge notwendig wurde. Zwischen den beiden abgebildeten Brücken gibt es heute ferner eine Güterstrecke samt weiterer Brücken über den Oberhafen.

über Harburg nach Neugraben an der Strecke Harburg–Stade (–Cuxhaven). Insgesamt 4,7 km davon wurden als Tunnel- und 3,3 km als Brückenbauwerk ausgeführt. Die Harburger S-Bahn folgt vom Hauptbahnhof aus zunächst nicht den Fernbahngleisen, sondern gelangt, aus dem Hauptbahnhof kommend, über eine Rampe auf eine imposante aufgeständerte Trasse und macht auf dieser eine große Schleife durch den Stadtteil Hammerbrook, ehe sie sich an der Norderelbbrücke mit ihrem Gleispaar an die Fernbahngleise nach Harburg (weiter Richtung Bremen und Hannover) schmiegt.

In Harburg wiederum taucht die S-Bahn in den 4,2 km langen Tunnel ab, um in einem großen Bogen unter der Harburger City hindurch sich nach Nordwesten zu wenden. Anschließend taucht die S-Bahn wieder auf und läuft bis Neugraben neben den Gleisen der Stader Bahn. Für Harburg brachte die neue Strecke enorme Vorteile. Zum einen wird die Innenstadt direkt erschlossen, zum anderen entfällt mit der S-Bahn das für durchgehende Züge aus Richtung Stade in Richtung Hamburg Hbf notwendige Kopf machen im Bahnhof Harburg. Das erste Teilstück der Harburger S-Bahn zwischen Hamburg Hbf und Harburg Rathaus wurde am 23. September 1983 eröffnet, das Reststück bis Neugraben am 5. August 1984.

Für die Zukunft des Hamburger S-Bahnsystems hat die Harburger Strecke eine besondere Bedeutung, denn hier sollen die ersten Zweisystemzüge, also zusätzlich für 15-kV-Wechselspannung ausgerüstete Triebwagen, eingesetzt werden, die dann von Stade die Eisenbahnstrecke bis Neugraben und ab dort die S-Bahn-Infrastruktur in die City nutzen. Diese Innovation hat den Charme, dass sich das Einzugsgebiet der S-Bahn mit vergleichsweise geringem Aufwand spürbar vergrößern lässt. Eine deutliche Erweiterung des üblichen Gleichstrom-S-Bahnnetzes über den heutigen Umfang hinaus ist aus Kostengründen nicht mehr zu erwarten, sieht man einmal von der 3 km langen Stichstrecke zum Flughafen Fuhlsbüttel ab, die in Ohlsdorf aus dem vorhandenen Netz abzweigen wird und 2005 eröffnet werden soll.

2.2.2 Hannover

Von einem der ältesten zu einem der jüngsten S-Bahn-Systeme in Deutschland[2], nämlich demjenigen der niedersächsischen Metropole Hannover. Mit Beginn des Sommerfahrplanes 2000 am 28. Mai 2000 nahm es seinen Betrieb auf, vier Tage vor Beginn der Expo 2000 also. Der Weltausstellung ist es denn auch zu verdanken, dass Hannover überhaupt schon zu einer S-Bahn gekommen ist, die ursprünglichen Pläne hatten einen erheblich weiteren Zeitrahmen.

Mit Ende der Expo wechselte auch wieder der DB-Fahrplan, und seitdem hat die S-Bahn Hannover jene Linien- und Streckenstruktur, die ihr auch in den kommenden Jahren erhalten bleiben dürfte. Auf insgesamt rund 250 km Linienlänge verkehren fünf Linien, wobei für uns im Wesentlichen die S5 interessant ist, welche vom Flughafen Hannover über Langenhagen, Hannover Hbf, Weetzen und Springe nach Hameln verkehrt. Zwar wurden entlang der Ost-West-Magistrale der DB zwischen Seelze und Lehrte mit großem baulichen und finanziellem Aufwand eigene neue Gleise für die S-Bahn geschaffen, auch in Nord-Süd-Richtung zwischen Langenhagen und Messe/Laatzen. Aber eine wirklich neue, d.h. vorher nicht angebotene Verbindung entstand nur zwischen Langenhagen und Hannover Flughafen. Ansonsten verkehrt die S-Bahn Hannover auf bzw. neben gründlich modernisierten und ausgebauten älteren Schienenwegen. Der Flughafen der niedersächsischen Landeshauptstadt wird damit erstmals überhaupt an den Schienenpersonenverkehr angeschlossen.

2 Nach Stand der Dinge wird neben der im Bau befindlichen Verknüpfung der S-Bahnen von Halle und Leipzig wohl vorerst nur ein jüngeres noch folgen: Rhein-Neckar rund um Mannheim/Heidelberg.

Vergleichsweise hell und einladend wirkt der neue Endpunkt Hannover Flughafen, der der niedersächsischen Landeshauptstadt die Verbindung mit dem Rest der Welt vermittelt. Hoffen wir, dass das so bleibt und dass es im Bahnhof nicht immer so menschenleer ist, wie hier im Januar 2001.

Ländlich geht es zu in der Umgebung des Flughafens Hannover, auch wenn der vierteilige S-Bahn-Triebzug der Baureihe 424 natürlich von der nahen Großstadt kündet. Im Januar 2001 ist das Expo-Fieber vorbei, und die S-Bahnen vom Flughafen enden nicht mehr an der Expo, sondern u.a. in Hameln.

Die 4 km lange Strecke der S5 zum Flughafen trennt sich in Langenhagen Pferdemarkt von den Gleisen der S4 nach Bennemühlen und nutzt zunächst den Damm einer älteren Güteranschlussbahn. Kurz vor dem Ziel taucht die eingleisige Strecke über eine 30-Promille-Rampe ab und endet in der zweigleisigen, zwischen den Terminals B und C positionierten Station Hannover Flughafen, der einzigen unterirdischen Station der S-Bahn Hannover. Spezielle Beleuchtungseffekte mit wandernden oder wechselnden Farbfeldern an den Seitenwänden, direkter Lichteinfall im großen Treppenbereich sowie eine insgesamt eher großzügige Dimensionierung der Station sorgen hier übrigens für einen freundlichen Raumeindruck, wie man ihn bei Tief-Stationen leider nicht so häufig findet.

Wie bereits oben erwähnt, besteht bislang kein Zeitplan für eine Ausdehnung des hannoverschen S-Bahn-Systems. Eventuelle Erweiterungen, vorrangig nach Peine und Hildesheim, werden auf jeden Fall bestehende Strecken nutzen. Den Bau völlig neuer Eisenbahn-Verbindungen wird es in und um Hannover nicht mehr geben, einen City-Tunnel hat man längst, allerdings als Stadtbahn der Üstra. Somit dürfte die Strecke Langenhagen–Flughafen wohl auch auf längere Sicht die einzige Neubau-Strecke bleiben.

2.2.3 Rhein-Ruhr und Rhein-Sieg

Als in den Sechziger- und Siebzigerjahren des 20. Jahrhunderts die S-Bahnen für den Ballungsraum Rhein-Ruhr entstanden, war noch durchweg von zwei Systemen die Rede: S-Bahn Rhein-Ruhr und S-Bahn Rhein-Sieg. Diese Unterscheidung ist längst obsolet[3], denn beide Netze sind, wie von Anfang an geplant, längst miteinander dicht verwoben: Die Fahrgäste steigen auf dem selben Bahnsteig um und können auf diese Weise mit der S-Bahn von Dortmund bis Bergisch-Gladbach oder demnächst auch bis Bonn oder Düren fahren.

3 Die zwei Verkehrsverbünde Rhein-Ruhr/VRR und Rhein-Sieg/VRS gibt es gleichwohl noch immer, aber das ist eine andere Geschichte.

Das nordrhein-westfälische S-Bahn-System ist nicht nur das ausgedehnteste in Deutschland, es weist auch eine zusätzliche Besonderheit auf: Während die anderen S-Bahnen einen Kern, ein Zentrum haben – wobei für Berlin der Ring und alles, was sich innerhalb dessen befindet, der Kern ist –, ist die S-Bahn an Rhein, Ruhr und Wupper polyzentrisch mit vier vorrangigen Schwerpunkten, den Städten Dortmund, Essen, Düsseldorf und Köln. Mit anderen Worten: Die Züge der langen Linien, etwa der S1, füllen und leeren sich mehrfach während ihrer Fahrt.

Der Wettbewerb der diversen Eisenbahngesellschaften in der zweiten Hälfte des 19. Jahrhunderts hatte im Ruhrgebiet zu einem ungemein dichten, aber wenig homogenen und oft unsinnig erscheinenden Streckennetz geführt. Die Tatsache, dass zwischen zwei Städten manchmal zwei oder drei Gleisverbindungen – teils in nur wenigen Metern Abstand – gebaut worden waren, kam in den Sechzigerjahren des 20. Jahrhunderts den Planern der S-Bahn Rhein-Ruhr durchaus entgegen. Auf diese Weise ließ sich nämlich recht kostengünstig der Verkehr »entmischen«, d. h., Güterzüge, Fernreisezüge und S-Bahnen fahren auf eigenen Strecken bzw. Gleispaaren. So ist denn das S-Bahn-System zwischen Dortmund und Mönchengladbach, Köln und Unna, Haltern und Au (Sieg) zwar heute das ausgedehnteste in Deutschland, es kam jedoch zunächst mit vergleichsweise wenigen echten Neubaustrecken aus. Wirklich originär neue Verbindungen sind:

- die Uni-Anbindung im Zuge der S1 zwischen Dortmund und Bochum-Langendreer,
- die S2 zwischen Dortmund-Huckarde und Dortmund-Mengede,
- die Anbindung des riesigen Neubauviertels Köln-Chorweiler im Zuge der S11 sowie
- die Stichstrecken nach Lütgendortmund (S4) und zum Flughafen-Terminal in Düsseldorf (S7).

Außerdem wurde in Hattingen ein Teilstück der schon stillgelegten Strecke nach Wuppertal vom alten Haupt-Bahnhof zur neuen Endstation Hattingen Mitte wieder reaktiviert (S3), ähnliches geschah in Kaarst, wo die mit modernen Dieseltriebwagen von der »Regiobahn« bediente S28 auf der alten Trasse der Nebenbahn Neuss–Viersen bis Kaarster See verlängert wurde.

Am 17.11.2001 begegnen sich in Dortmund-Oespel zwei Züge der S 1. Im Gegensatz zu Lok und Wagen ist die Station zu dieser Zeit nach einer DB-Großreinigungsaktion an zahlreichen Bahnhöfen weitgehend graffitifrei.

143 258 fährt im Januar 2001 auf der alten Trasse der Westfälischen Eisenbahn bei Dortmund-Huckarde gen Dortmund Hbf. Im Zielschilderkasten trägt sie das Schild »S 2 Dortmund bis Essen S9«. Die Maschinen der ehemaligen DDR-Reichsbahn haben hier »tief im Westen« fast den gesamten S-Bahnverkehr übernommen.

Einfahrt eines Wendezuges der S 2 in den Haltepunkt Dortmund-Nette/Oestrich im Januar 2001. An Rhein und Ruhr wird der S-Bahnverkehr ähnlich wie in Nürnberg überwiegend mit Bxf/ABx/Bx-Wendezügen abgewickelt, die – wie hier – ursprünglich orange/weiß lackiert waren. Zunehmend kommen auch neue Triebwagen der Baureihe 423 zum Einsatz, aber noch nicht im Großraum Deutschland.

Kernstück des nordrhein-westfälischen S-Bahn-Systems ist die S1 Dortmund–Essen–Duisburg–Düsseldorf. Auf deren erstem Teilstück zwischen Duisburg-Großenbaum und Bochum – es ist, wie die gesamte S1-Strecke, durchgehend zweigleisig – wurde gemeinsam mit der S3 (Oberhausen–Hattingen) sowie der S6 (Essen–Kettwig–Düsseldorf–Langenfeld) am 26. Mai 1974 der »richtige« S-Bahn-Verkehr aufgenommen. Zuvor hatte es auf einigen Abschnitten dieser Strecken einen so genannten Vorlaufbetrieb gegeben. Drei Jahre später, am 29. Mai 1977, wurde die S1 von Duisburg-Großenbaum bis Düsseldorf Hbf verlängert, und am 25. September 1983 folgte schließlich der Abschnitt zwischen den Hauptbahnhöfen von Bochum und Dortmund.

Während die S1 westlich von Bochum auf bzw. direkt neben älteren und auch schon zuvor von Reisezügen genutzten Trassen liegt, ist der östliche Abschnitt größtenteils ein Neubau auf zuvor nicht vorhandener Trasse. Zwischen Bochum-Langendreer und Dortmund-Dorstfeld wurde auf 7 km Länge ein neuer Weg beschritten, der die Anbindung der Universität Dortmund ermöglichte und auch den Dortmunder Stadtteilen Oespel und Kley erstmals einen direkten Bahnanschluss brachte.

Im Bereich der Uni liegt die S-Bahn mit den Haltepunkten Dortmund Universität und Dortmund-Dorstfeld Süd in einem 1350 m langen Tunnel, der in offener Bauweise als Trog mit Deckel entstand. Zwischen Dorstfeld Süd und Dorstfeld – der Bahnhof Dortmund-Dorstfeld ist eine der aufwändigsten S-Bahn-Stationen Deutschlands – benutzt die S1 teilweise die Trasse einer alten Zechenanschlussbahn, anschließend bis zum Dortmunder Hauptbahnhof liegen die S-Bahn-Gleise wieder auf den schon früher vorhandenen Trassen, nämlich unmittelbar neben den Ferngleisen.

Im Dortmunder Hauptbahnhof beginnt bzw. endet auch die S2, deren Stammlinie über Herne und Oberhausen nach Duisburg führt bzw. ab Gelsenkirchen nach Essen und in einer dritten Variante ab Herne nach Recklinghausen. Bis Dortmund-Dorstfeld nimmt sie die gleichen Wege wie die S1, schwenkt dann aber für 8 km auf eine eigene Trasse ein, ehe sie in Dortmund-Mengede auf die Stammstrecke der Köln-Mindener Eisenbahn

Hattingen Mitte liegt als Endhaltestelle ähnlich wie Lütgendortmund in einem eingleisigen Tunnel. Am 30.1.1988 hat noch 111 132 Dienst auf der S 3. Knapp zwei Jahre vor der Wende war an ein Reichsbahn-Erbe wie die Baureihe 143 noch nicht zu denken.

Am 9.3.1996 hat die Baureihe 143 die S-Bahn Rhein-Ruhr fest in der Hand. In Hattingen, einem Keilbahnhof, halten die S-Bahnzüge nunmehr am Bahnsteig der abgebauten Strecke nach Wuppertal. Auf dem Bahnsteig links vom Gebäude verkehren heute nur noch die Museumszüge der DGEG nach Wengern Ost.

trifft, der sie bis Duisburg folgt. Zwischen den Dortmunder Stadtteilen Huckarde und Mengede liegt die S2 auf der Trasse einer 1880 vorrangig als Kohlen-Abfuhrstrecke von der Westfälischen Staatseisenbahn (WE) eröffneten Bahn. Die Zechen links und rechts dieser Linie sind allesamt längst Geschichte. Und wäre man nicht auf die Idee gekommen die WE-Trasse, die schon 1949 zwischen Huckarde Süd und Mengede ihren Reiseverkehr verloren hatte, irgendwann für die S2 zu nutzen, wäre sie wohl heute vergessen und weitestgehend aus dem Landschaftsbild verschwunden. Die ansonsten von den Reisezügen benutzte Köln-Mindener Stammlinie zwischen Mengede und Dortmund Hbf führt nämlich größtenteils durch dünner besiedelte bzw. von heute brachliegenden Industrieanlagen geprägte Landstriche. Die alte Route wurde also für die S2 durchgehend zweigleisig ausgebaut, großenteils angehoben und mit entsprechenden Stationen für modernen Nahverkehr hergerichtet, Personenverkehr hatte es hier zuvor nicht gegeben. Am 2. Juni 1991 nahm die S2 den Betrieb auf der Stammstrecke nach Duisburg auf.

Wie oben erläutert, kann man von Dortmund aus mit der S2 heute drei Ziele ansteuern. Interessant für uns sind hier diejenigen Züge, die gleich hinter Herne die KME-Stammlinie verlassen und nach Recklinghausen abzweigen. Sie benutzen nämlich jene alte, am 1. Oktober 1901 eröffnete Verbindungskurve, die am 30. Mai 1986 ihren vermeintlich letzten Reisezug verloren hatte; die S2 fährt zwischen Herne und Recklinghausen seit dem 25. Mai 1998.

Eine Ur-Strecke des S-Bahn-Systems Rhein-Ruhr ist die S3, die wie eingangs geschildert gemeinsam mit der S1 und S6 am 26. Mai 1974 ihren Betrieb aufnahm. End- und Ausgangspunkt im Nordwesten war und ist der Hauptbahnhof Oberhausen, im Südosten begannen und endeten die Züge zunächst im Bahnhof Hattingen. Dieser liegt recht weit außerhalb der Stadt, so dass eine fußläufige Anbindung der City nicht gegeben war. Also besann man sich der 1884 eröffneten Strecke Hattingen–Wuppertal-Wichlinghausen, deren Trasse relativ nah an der City entlang führt, aber bereits seit dem 30. November 1979 keinen Personenverkehr mehr aufwies. 1982 musste die aufwändig mit langen Tunnels und Viadukten angelegte, aber inzwischen überflüssige Verbindung südlich von Hattingen ganz gesperrt werden. Vom Bahnhof Hattingen aus wurde also eine rund 900 m lange Stichstrecke zum neuen, innenstadtnahen Zentralen Omnibusbahnhof Hattingen angelegt, der zunächst der alten Wuppertaler Strecke folgt, um dann abzutauchen in die neue S-Bahn-Endstation Hattingen (Ruhr) Mitte. Eröffnet wurde diese am 3. Juli 1987.

Eine unterirdische Endstation besitzt auch die S4 in Dortmund-Lütgendortmund. Die S4 verbindet Unna mit eben jenem Dortmunder Stadtteil, wobei die Linie zwischen Unna und Dortmund-Dorstfeld traditionsreiche Wege nutzt, also die alte »Rheinische Bahn« Richtung Welver, die hinter Königsborn längst abgebaut ist sowie die kurze Verbindung Unna-Königsborn–Unna.

Westlich des S-Bahn-Knotens Dorstfeld sieht die Situation so aus: Zunächst wurde für die S4 bis Dortmund Germania weiter die hier in geringem Abstand etwa parallel zu den Ferngleisen der Köln-Mindener Bahn und der

Ein typisches Flughafenumfeld vermittelt uns dieses Bild aus Düsseldorf. Am 18.5.2000 kurz vor der Einstellung des Betriebs zwängt sich eine 143 mit ihrem Wendezug durch die enge Kurve aus und in Richtung Duisburg. Im Vordergrund die heute noch von S-Bahnen befahrene Kurve von Düsseldorf Hbf nach Düsseldorf Flughafen Terminal.

Bergisch-Märkischen Bahn liegende Strecke der Rheinischen Eisenbahngesellschaft Richtung Langendreer für die S4 hergerichtet; am 3. Juni 1984 nahm die S4 zwischen Germania und Unna den Betrieb auf. Von Dortmund Germania – der Name geht auf eine längst stillgelegte Zeche zurück – sollte es auf einer Neubaustrecke schon bald weiter gehen nach Lütgendortmund, aber durch Einsprüche von Anliegern wurde das Verfahren jahrelang verschleppt. Erst am 22. Mai 1993 konnte die gut zwei Kilometer messende Verlängerung eröffnet werden. Bis zur einzigen Zwischenstation Dortmund-Somborn ist diese zweigleisig, unmittelbar anschließend taucht sie in den nur eine Handbreit unter der Erdoberfläche liegenden Lütgendortmunder Tunnel ab, in dem sich, direkt unter dem Marktplatz, auch die ebenfalls eingleisige Endstation befindet.

In ein paar Jahren soll es von Lütgendortmund weiter gehen Richtung Bövinghausen und von dort auf der Emschertalbahn nach Herne, so jedenfalls hat es der VRR Anfang 2001 beschlossen. Aber das ist Zukunftsmusik, nicht zuletzt die Frage der Finanzierung ist kompliziert, allerdings weniger hinsichtlich des Baus als vielmehr wegen des zu erwartenden Betriebskostendefizits. Denn die S4 muss sich westlich von Dorstfeld mit einem gravierenden Geburtsfehler herumplagen: Das ganze Vorhaben stammt noch aus einer Zeit, in der es auf eine Mark offenbar nicht ankam. An sich ist das Verkehrsaufkommen für eine S-Bahn hier zu gering, wegen der mageren Auslastung vieler Züge, des öden Tunnelbahnhofs und der sozialen Probleme einiger der berührten Wohngebiete gilt die S4 als größter Problemfall der S-Bahn Rhein-Ruhr. Kurzum, mit einer modernen, an der Oberfläche fahrenden Stadtbahn wäre Lütgendortmund wohl besser bedient.

Wir bleiben unter Tage, aber nicht im Revier selbst, sondern im »Schreibtisch des Reviers«, Düsseldorf also.

Wohngebirge wie hier in Köln–Chorweiler bedürfen einer guten Verkehrsanbindung. Von der nächsten Station, die der S-Bahn-Zug in wenigen Minuten unterirdisch erreichen wird, gelangt man sowohl mit der S-Bahn als auch mit der Stadtbahn der Kölner Verkehrsbetriebe in die Kölner Innenstadt.

Am 27. Oktober 1975 wurde hier das erste Teilstück der S7 eröffnet, nämlich vom Hauptbahnhof zum Flughafen. Die S-Bahn-Gleise, die hier auch von der S1 und bis Derendorf auch von der S6 genutzt werden, liegen westlich der Fernbahngleise. Unmittelbar hinter der S1/S7-Station Düsseldorf-Unterrath knickt dann die S7 nach Westen ab und führt durch die ausufernde Bebauung des Airport-Areals zu einer kurzen Rampe, auf der es in den direkt anschließenden Kopfbahnhof unter dem Terminal geht. Angesichts des stetig wachsenden Flugverkehrs – Düsseldorf ist Deutschlands wichtigster Charter-Flughafen – wollte man aber auch Reisenden aus Richtung Duisburg eine direkte Anbindung an den Airport bieten.

Und so wurde zum 27. Mai 1990 eine Verbindungskurve in Betrieb genommen, auf der die Züge der S1 den unterirdischen Bahnhof ansteuerten, um nach dem Kopfmachen wieder ihren traditionellen Weg einzuschlagen. Diese Verbindungskurve in Richtung Duisburg ist inzwischen wieder aufgelassen worden, weil unmittelbar an den durchgehenden Hauptgleisen am 28. Mai 2000 ein völlig neuer Bahnhof für Fern-, Regional und Nahverkehr in Betrieb genommen wurde, aus dem S1-Reisende nun umsteigen können zum Airport. Von dort können sie dann gar mit einer so genannten H-Bahn, also einer automatischen Kabinen-Hängebahn, wie man sie auch an der S1-Station Dortmund Universität findet, zum rund 2 km entfernten Terminal schweben. Zur Unterscheidung vom neuen Bahnhof an der Hauptstrecke – er trägt jetzt den Namen Düsseldorf-Flughafen – wurde die unterirdische Kopfstation umbenannt in »Düsseldorf Flughafen Terminal«.

Eine weitere Tunnel-Geschichte verbindet sich mit der S11 zwischen Köln und Neuss. Am 1. Juni 1975 nahm diese zwischen Bergisch Gladbach und Köln-Chorweiler den Betrieb auf, der S-Bahn-Verkehr zwischen Chorweiler und Neuss folgte am 7. Mai 1985. Den größten Teil des Weges zwischen der Domstadt und Neuss legt die S-Bahn auf dem Gleispaar zurück, welches auch die Fern- und die Güterzüge nutzen. Zwischen Köln-Longerich und Köln-Worringen jedoch schlägt die S-Bahn eigene Wege ein, um in einem sanften Bogen das riesige Neubauviertel Köln-Chorweiler anzubinden, und zwar überwiegend unterirdisch oder, besser gesagt, mit reichlich Beton überbaut.

Von Neuss aus ist es nur noch ein Katzensprung bis zum Endpunkt unserer Reise über die S-Bahn Rhein-Ruhr. Wir besteigen hier einen Zug der S28, und das ist

Auch die S 4 nach Dortmund-Lütgendortmund benutzt alte Privatbahntrassen, so wie hier im Bahnhof Dortmund-Germania. Während der linke Zug mit 143 600 nur noch zwei Stationen bis zur Endstelle vor sich hat, muss der rechte bis Unna noch 16 mal anhalten.

Der (vorläufige?) Endpunkt des Neusser Streckenastes der S 28 in Neuss Kaarster See liegt idyllisch mitten im Wald. Eingesetzt werden zweiteilige Talent-Triebwagen speziell für Hochbahnsteige, wie sie im Düsseldorfer S-Bahn-Netz vorhanden sind. Am 11.5. 2000 haben sich die Triebwagen 1007 und 1008 gerade auf den Weg nach Mettmann gemacht.

nicht eine der üblichen Zuggarnituren, sondern ein flinker Dieseltriebwagen vom Typ Talent, der zudem nicht von der Deutschen Bahn AG betrieben wird, sondern von der Regiobahn GmbH mit Sitz in Mettmann.[4]

Mit der Regiobahn wollen die angeschlossenen Gebietskörperschaften beweisen, dass man auch auf nicht elektrifizierten Strecken einen attraktiven Nahverkehr anbieten kann, also auf den von der DB einst so stiefmütterlich behandelten Routen Düsseldorf–Mettmann (–Wuppertal-Wichlinghausen)[5] und Neuss–Kaarst. Hier werden also vom neuen Betreiber nach langen Anlaufschwierigkeiten seit dem 26. September 1999 durchgehende Fahrten angeboten, wobei natürlich die meisten Passagiere im Düsseldorfer Hauptbahnhof aus- oder zusteigen. Dass die gesamte Strecke Neuss–Kaarst zuvor umfassend renoviert und den neuen Erfordernissen und Strukturen angepasst worden ist (seit Mai 1998 war sie deshalb gesperrt), versteht sich von selbst, entsprechendes gilt für Düsseldorf-Gerresheim–Mettmann.

Für dieses Buch interessant ist die Regiobahn jedoch erst seit dem 28. Mai 2000, seit diesem Datum nämlich enden die Züge nicht mehr im Bahnhof Kaarst, sondern

4 Die Regiobahn wiederum beauftragte die Rheinisch-Bergische Eisenbahn GmbH (RBE) mit dem tatsächlichen Fahrbetrieb. Die RBE ist ein Tochterunternehmen der Connex Regiobahn GmbH in Frankfurt/Main, die am 1. Januar 2001 aus der DEG-Verkehrs-GmbH hervorging.

5 Das ist die hier so genannte »Rheinische Bahn« Richtung Dortmund.

fahren auf der Trasse der alten Nebenbahn nach Viersen noch gut einen Kilometer weiter bis zur neuen Endstation Kaarster See, wo die Züge eigentlich bereits im Herbst 1999 enden sollten, wie es auch das Kursbuch auswies. Von dort wird es möglicherweise künftig noch weiter gehen in Richtung Viersen, ebenso wie die Regiobahn im Osten bald wieder bis Wuppertal fahren will.

Derweil wächst das S-Bahn-System an Rhein und Ruhr weiter. Die größten Veränderungen geschehen rund um Köln, wo der Bau eigener S-Bahn-Gleise neben der zur Hochgeschwindigkeitsstrecke ausgebauten Fernbahn Köln–Düren (–Aachen) große Fortschritte macht; 2003/04 könnte hier der S-Bahn-Verkehr beginnen. Auf der rechten Rheinseite entsteht eine echte Neubaustrecke für die S-Bahn, nämlich die Schleife zum Flughafen Köln-Bonn im Zuge der kommenden Linie in Richtung Siegburg. Vielleicht rollen im Jahr 2006 hier die ersten Züge.

2.2.4 Leipzig

Auch die DDR kam in den Sechziger- und Siebzigerjahren nicht umhin, nicht nur in Berlin, sondern auch in anderen großen Ballungsräumen den Eisenbahn-Nahverkehr deutlich zu verbessern. In der Regel geschah dies, indem man an bereits vorhandenen Strecken neue Bahnsteige anlegte und modernere Züge im Taktverkehr einsetzte. Spezielle Streckenneubauten für die S-Bahn waren die Ausnahme bzw. spielten sich vor 1980 ab, wie z.B. die Anbindung von Halle Neustadt. Nur in Leipzig wurden auch danach noch neue S-Bahn-Abschnitte

Alle Elemente, die den Charme eines Neubaugebietes der Siebziger- und Achtzigerjahre ausmachen, sind auch im Endpunkt Miltitzer Allee der Leipziger-S-Bahn vertreten. Die Baureihe 143 mit ihren Doppelstockwagen trägt im Mai 2001 auch nicht gerade zur Stärkung der romantischen Aspekte der Eisenbahn bei. Für die Menschen, die hier leben, ist es aber natürlich auch wichtiger, schnell und praktisch zu den Zielen zu gelangen, zu denen sie gelangen wollen.

eröffnet, als man die Anbindung der riesigen Plattenbau-Siedlung Grünau abschloss.

Ein Blick zurück: Am 13. Juli 1969 nahm die Leipziger S-Bahn mit einer Streckenlänge von fast 37 Kilometern auf der bekannten herzförmigen Linienführung den Planbetrieb auf. Eine wesentliche Erweiterung des S-Bahn-Betriebs erfolgte mit der Einbeziehung der Strecke nach Wurzen zum Fahrplanwechsel im Mai 1974.

Mit der Planung eines Neubaugebietes für 100.000 Einwohner im Westen der Stadt begann eine markante Veränderung der Hauptverkehrsströme in Leipzig. Einen Stadtteil wie das entstehende Grünau an das Kerngebiet der Stadt anzuschließen, verlangte eine neue S-Bahn-Linie. Der S-Bahnbau nach Grünau startete fast zeitgleich mit dem Wohnungsbau. Zum Fahrplanwechsel im September 1977 nahm die Reichsbahn den ersten Streckenabschnitt von Leipzig-Plagwitz bis Grünauer Allee in Betrieb. Vorerst war die Strecke eingleisig und die Züge pendelten nur zwischen diesen beiden Stationen.

Erst drei Jahre später, im Dezember 1980, wurde der zweite Haltepunkt Wilhelm-Pieck-Allee (heute: Stuttgarter Allee) eröffnet. Wiederum dauerte es fast drei Jahre, ehe der Haltepunkt Ho-Chi-Minh-Straße (heute: Karlsruher Straße) im Juni 1983 in Betrieb ging. Seit Dezember 1983 fährt die S-Bahn schließlich bis zu ihrer heutigen Endstelle Miltitzer Allee. Mit der so entstandenen 4,6 km langen Neubaustrecke vom Plagwitzer Bahnhof aus war die S-Bahn-Anbindung des zweitgrößten Neubaugebietes der DDR abgeschlossen. Ab Mai 1984 war die elektrifizierte Strecke durchgängig zweigleisig befahrbar.

2.2.5 Dresden

Auch in Dresden wurde von der DDR-Reichsbahn in den Siebzigerjahren auf bereits vorhandenen Strecken ein S-Bahn-System aufgebaut und am 29. September 1974 der S-Bahn-Tarif eingeführt. Derzeit wird das Nahverkehrs-Angebot der sächsischen Metropole auf eine neue Basis gestellt. Die schon vor dem Zweiten Weltkrieg viergleisige und im Rahmen der Reparationsleistungen an die UdSSR zurückgebaute Strecke in Richtung Bad Schandau erhält ab Dresden Hauptbahnhof bis Pirna ein eigenes S-Bahn-Gleispaar, dessen Fertigstellung für 2002/03 vorgesehen ist. Von Pirna aus werden die Züge

Am 25.3.2001 wurde in Dresden die Diesel-S-Bahn S 2 zum Flughafen eröffnet. Am Eröffnungstag glänzt sowohl der Fußboden als auch der nagelneue 642 534, ein Desiro von Siemens, von dem allein die DB AG 150 Exemplare gekauft hat. Zur Feier des Tages hat man einige Züge mit dem Slogan »Schneller ab Dresden« beklebt.

dann als S2 über Dresden Hbf zum Dresdner Flughafen verkehren.

Gewissermaßen im Vorgriff darauf wurde bereits am 25. März 2001 ein Diesel-S-Bahn-Verkehr zwischen Dresden Hbf und dem neuen Flughafen-Bahnhof eröffnet. Diese 4 km lange neue Flughafen-Anbindung – sie wird bereits als S2 geführt – zweigt in Dresden Klotzsche von der Strecke nach Arnsdorf ab und löste bei ihrer Eröffnung auf einer rundum erneuerten Trasse die alte Zweigstrecke Dresden-Klotzsche–Dresden Grenzstraße ab, die vordem schon bis 1998 im Personenverkehr genutzt worden war, allerdings nur mit ganz wenigen Zügen im Berufsverkehr. Auf der Trasse ehemaliger Industriegleise und anschließend mit Hilfe eines 590 m langen Tunnels geht es ab Grenzstraße dann ins Kellergeschoss des neuen Flughafen-Terminals. Bis 2003 wird die Flughafen-Strecke elektrifiziert, möglicherweise wird dann auch die Hauptstrecke bis Radeberg oder sogar Arnsdorf für den S-Bahn-Verkehr ausgebaut.

2.2.6 Rhein-Main

Im Mittelpunkt des S-Bahnbaus in der Bundesrepublik stehen – neben der bereits an mehren Beispielen geschilderten Anlage neuer bzw. eigener S-Bahn Gleise für an sich schon vorhandene Verbindungen – bei der eigentlichen Schaffung neuer Strecken zwei Programme: neue Citylinien, die meist im Tunnel verkehren sowie die Verknüpfung von Großflughäfen mit dem Nahverkehrs-

Manchmal verirren sich in einen S-Bahn-Tunnel seltene Gäste, z. B. der Fotograf, der von niemandem bei dieser Tunnelwanderung behindert wurde; oder die Akku-Kleinlok 381 020, die am 25.11.1994 noch beim Finish der Station Offenbach-Ledermuseum mithalf. Heute fahren hier ausschließlich Triebwagen der Baureihe 420.

Dieses Bild könnte eigentlich für viele S_Bahnen in diesem Buch stehen. Ein Triebwagen der Baureihe 420 auf einer betonierten Rampe wäre in ähnlicher Form in München, Stuttgart, Frankfurt, Offenbach, Köln, Düsseldorf oder Dortmund fotografierbar gewesen, bald sogar auch in Stockholm. Hier nun verlässt 420 268 den Frankfurter S-Bahntunnel in Richtung Stresemannallee, dem Endpunkt vor der Eröffnung der S-Bahn nach Darmstadt.

netz der DB. Einmal abgesehen von Stuttgart und München lässt sich dies bei der S-Bahn Rhein-Main mit dem Brennpunkt Frankfurt mustergültig studieren, wobei der Anschluss des Rhein-Main-Flughafens durch eine zweigleisige Neubaustrecke, die aus der linksmainischen Fernzugstrecke Frankfurt - Mainz abzweigt und wieder in diese einmündet, bereits in zwei Etappen im Jahr 1972 vollzogen wurde: im Osten am 14. März 1972, im Westen am 28. Mai 1972; zunächst fuhren hier normale Nahverkehrszüge, die Bedienung durch die S-Bahn kam erst 1980 hinzu.

Die S-Bahn im Rhein-Main-Gebiet hat einen eindeutigen Schwer- und Brennpunkt: die Innenstadt von Frankfurt mit dem darunter hindurch führenden City-Tunnel. Das Eisenbahnsystem in und um Frankfurt leidet seit Anbeginn daran, dass für Reisezüge so ziemlich alle Wege in einem Kopfbahnhof, dem Hauptbahnhof nämlich, enden und beginnen. Kopfbahnhöfe erfordern einen hohen Betriebsaufwand, hinzu kommt, dass die heutigen großen Kopfbahnhöfe ältere Vorgänger ersetzten, was wegen des großen Platzbedarfs außerhalb der alten Stadtkerne geschah. Mit anderen Worten: Wer vom Frankfurter Hauptbahnhof in die City möchte, muss(te) zumeist noch auf die Straßenbahn umsteigen oder einen längeren Fußweg einkalkulieren. Die Lösung für Frankfurt war aufwändig aber wirkungsvoll: Im Gleisvorfeld des Hauptbahnhofs taucht die S-Bahn in den Untergrund ab, durchmisst die Innenstadt, unterquert den Main, legt eine 180-Grad-Kurve ein und erreicht östlich des Südbahnhofs wieder das Tageslicht bzw. die Fernbahngleise von/ nach Offenbach.

Der Bau der S-Bahn in der City begann 1969, die Arbeiten machten Furore. Um den unterirdischen viergleisigen S-Bahn-Tunnelbahnhof bauen zu können, trug man den Nordflügel des Empfangsgebäudes ab und baute ihn nach Abschluss der Arbeiten wieder sachgerecht auf. Als am 28. Mai 1978 die S-Bahn Rhein-Main mit sechs Linien ihren Betrieb aufnahm, konnten die aus dem westlichen und nördlichen Umland Frankfurts anrollenden Züge, die noch heute im Wesentlichen bereits über zuvor vorhandene Gleise bzw. Trassen rollen, immerhin schon bis zur vorläufigen Endstation Hauptwache den Tunnel benutzen. Der nächste Schritt wurde hier am 29. Mai 1983 getan, jetzt hieß die Endstation Konstablerwache.

Nun begann der schwierigste Schritt, die Untertunnellung der östlichen City und des Mains und die Anbindung der S-Bahn an die vorhandenen Fernbahnen in Sachsenhausen. In Richtung Südbahnhof (–Darmstadt) konnte das Teilstück Konstablerwache–Ostendstraße–Lokalbahnhof–Frankfurt (Main) Süd (–Stresemannallee) am 27. Mai 1990 eröffnet werden, die Abzweigung in Richtung Offenbach mit der neuen Station Mühlberg, die südlich des Mains zwischen Ostendstraße und Südbahnhof abzweigt, ging am 31. Mai 1992 in Betrieb. Dort war natürlich nur vorübergehend Endstation, am 3. April 1995 wurde über Mühlberg hinaus die unter der Offenbacher City hindurch führende Strecke via Offenbach Ost nach Hanau eröffnet. Es handelt sich dabei um eine knapp 4 km lange neue Tunnelstrecke mit den drei U-Stationen Offenbach-Kaiserlei, -Ledermuseum und -Marktplatz, die oberirdisch in Offenbach Ost auf die alte Bebraer Bahn trifft und dieser auf eigener, neu geschaffener Trasse bis Hanau folgt. Zunächst führte die Bahn übrigens nur einen der Öffentlichkeit zugänglichen Probebetrieb durch, im Fahrplan wirksam wurde die neue Strecke zum 28. Mai 1995. Aus dieser Offenbacher S-Bahn wird auch die im Bau befindliche Rodgau-S-Bahn abzweigen, und zwar in Offenbach Ost.

Ähnlich aufwändig wie die Hanauer S-Bahn war der Ausbau der Infrastruktur in Richtung Darmstadt. Dabei legte man ab der bisherigen S-Bahn-Endstation Stresemannallee eine völlig neue Trasse an, die aber der alten Main-Neckar-Bahn folgt. Mit Inbetriebnahme der S-Bahnlinien S3 und S4 nach Darmstadt am 1. Juni 1997 wurde erstmals seit langem wieder eine direkte Nahverkehrsverbindung von Sachsenhausen (Südbahnhof) in Richtung Darmstadt realisiert; dazu dient ein S-Bahn-Gleispaar zwischen Stresemannallee und Louisa.

Noch einmal zurück zum Flughafen, der wie gesehen bereits seit 1972 direkt ins Eisenbahnnetz eingebunden ist. Um Deutschlands wichtigstes Luft-Drehkreuz auch adäquat mit modernem Schienennahverkehr zu bedienen, eröffnete man am 1. Juni 1980 eine 7 km lange Strecke für die S-Bahn zwischen dem Frankfurter Hauptbahnhof und dem Flughafen, die in Niederrad neben den Fernzuggleisen auf eigener Brücke den Main überquert. Mit der Fernbahn nähert sie sich bei der Station Sportfeld den Gleisen der Relation Südbahnhof–Mainz und schwenkt dann auf die Trasse von 1972 zum Flughafenbahnhof ein.

Das S-Bahn-System wird weiter ausgebaut, wobei der Schwerpunkt zunächst bei der bereits erwähnten Rodgau-S-Bahn, von Offenbach Ost nach Dietzenbach und Rödermark führen soll, liegt. In Vorbereitung ist auch der Bau eigener S-Bahn-Gleise für die S6 nach Friedberg, die sich heute ab Bad Vilbel die Gleise der Main-Weser-Bahn mit dem Fernverkehr teilen muss und auf diese Weise immer wieder Verspätungen ins höchst anfällige Fahrplansystem mit seinem Flaschenhals City-Tunnel transportiert.

2.2.7 Karlsruhe

Beim Stichwort »Karlsruher Modell« bekommen Schienenverkehrsfachleute leuchtende Augen. Mit diesem Begriff verbindet man nämlich jene ebenso einfache wie überzeugende Idee, Eisenbahn und Straßenbahn bzw. Stadtbahn miteinander zu verknüpfen. In der Praxis sieht das so aus: Stadtbahnwagen der Verkehrsbetriebe Karlsruhe bzw. der Albtalbahn – beide Unternehmen arbeiten unter einem Dach – benutzen im Umland Eisenbahn-Infrastruktur und wechseln in der City dann aufs Straßenbahnnetz über, so dass die Fahrgäste ohne Umsteigen rasch und bequem dort ihre Ziele erreichen können. Dieses zunächst zwischen der Albtalbahn (AVG), einem kommunalen Eisenbahn-Unternehmen also, und den Verkehrsbetrieben Karlsruhe (VBK; Betreiber der Karlsruher Straßenbahn) erprobte Verfahren[6] wurde später auch auf DB-Strecken ausgeweitet.

Heute fahren moderne Zweisystem-Stadtbahnwagen, die neben dem Gleichstrom auch den 15 kV-Wechselstrom des DB-Netzes nutzen können, auf zahlreichen Eisenbahnstrecken rund um Karlsruhe in die Region hinaus. Bis nach Heilbronn und Baden-Baden kommen die als S-Bahnen ausgewiesenen gelb-roten Wagen inzwi-

6 In den Fünfzigerjahren schon war die Albtalbahn dafür von Meter- auf Normalspur umgestellt worden.

In Eggenstein Bahnhof benutzt die Linie A die alte Trasse der Staatsbahn aus Graben-Neudorf. Am 18.4.1990 ist der Triebwagen 581 mit Panorama-Mittelteil im Einsatz. Für die Linie A von Hochstetten nach Ittersbach bzw. Bad Herrenalb (heute S 1/ S 11) werden keine Zweisystem-Stadtbahnwagen benötigt, da sie durchgehend mit Gleichstrom elektrifiziert ist.

Nur unter höchsten Sicherheitsvorkehrungen darf man mit der Linie AE zum Kernforschungszentrum in Karlsruhe mitfahren. Für diese Sonderfahrt am 18.4.1990 mussten Wochen vorher Kopien der Personalausweise der Fahrtteilnehmer eingereicht werden. Ob eine solche Fahrt nach dem 11. September 2001 noch möglich wäre?

An vielen Stellen im Karlsruher Netz wurden Neubau-Verbindungen zwischen DB-Strecken und Straßenbahnstrecken geschaffen, an denen auch die Betriebsweise von BOStrab auf EBO und z. T. auch das Stromsystem wechselt. Diese Aufnahme vom 5.7.1997 zeigt die Verbindungsrampe zwischen dem südlichen Gleisvorfeld von Karlsruhe Hbf und dem Altbtalbahnhof der AVG. Die Linie S 4 verkehrt heute zwischen Baden-Baden und Heilbronn.

Unter dem postmodernen Bahnhofsvordach des Heilbronner Hauptbahnhofs macht sich dort Triebwagen 877, ein Fahrzeug der zweiten Stadtbahn-Generation in Niederflurbauweise, für die Öffentlichkeit nützlich. Vor vielen Jahren gab es hier schon einmal Straßenbahnen.

Hochbetrieb im Bahnhof Wörth am 6.6.1999. Während je ein 628.2 und ein 628.4 sowie ein Steuerwagen die DB repräsentieren, fährt Triebwagen 836 für die AVG nach Wörth Dorschberg. Er wirbt für »Fußball mit Herz«, womit der Karlsruher SC gemeint ist. Kurz hinter dem Bahnhof wird der Triebwagen die DB-Anlagen verlassen und als Straßenbahn dem Endpunkt zustreben.

schen, und mit dem Endbahnhof Bietigheim-Bissingen geht es aus dem Badischen nicht nur bis nach Württemberg, sondern bis vor die Tore der Landeshauptstadt Stuttgart, endet in Bietigheim doch die S-Bahnlinie S5 aus der schwäbischen Metropole. Die nächsten Ziele der Stadtbahnen liegen im Murgtal und in Hohenlohe. Dies sind nur ein paar Beispiele; auch dafür, wie man auf zuvor mit nur mäßigem Erfolg im Personenverkehr bedienten Strecken einen attraktiveren Nahverkehr aufziehen kann als dereinst mit einer Lok und zwei, drei Silberlingen. Und dass darüber hinaus auch das konventionelle Straßen- und Stadtbahnnetz kontinuierlich weiter ausgebaut wird, versteht sich in Karlsruhe und Umgebung von selbst.

Wo die S-Bahnen des Karlsruher Verkehrsverbundes (KVV) heute auf DB-Eisenbahnstrecken verkehren, handelt es sich in der Regel um solche Bahnen, die schon seit eh und je im Personenverkehr bedient werden. Mit einer Ausnahme: Am 5. Oktober 1979 nahm die AVG/VBK den Stadtbahnbetrieb nach Nordweststadt/Neureut auf und verlängerte diesen am 13. Dezember 1986 um 5 km über Neureut hinaus via Eggenstein bis Leopoldshafen und schließlich am 3. Juni 1989 um weitere 5 km von Leopoldshafen bis Hochstetten, wobei abschnittsweise eine alte DB-Strecke, die jedoch nur Güterverkehr aufzuweisen hatte, einbezogen wurde. Wegen des Güterverkehrs, der noch immer – wenn auch in geringem Maße – gefahren wird, unterliegt die heutige S1/S11 (KBS 710.1) hier der Eisenbahn-Bau- und Betriebsordnung (EBO). Sie ist also eine Eisenbahn- und keine Stadtbahnstrecke, auf der die BOStrab gilt (Bau- und Betriebsordnung für Straßenbahnen). Den – vielen und zufriedenen – Fahrgästen wird dies allerdings ziemlich egal sein. Von dieser Hochstetter Strecke zweigt auch die Stichbahn zum (Atom-) Forschungszentrum Karlsruhe ab, die seit dem 8. Dezember 1989 regelmäßig von der

Stadtbahn bedient wird, aber nur dem Verkehr des Forschungszentrums dient – und das ist der Öffentlichkeit nicht allgemein zugänglich.

Kernstück des Karlsruher Modells ist wie gesagt die Verknüpfung von Eisenbahn-Infrastruktur mit dem Stadtbahnnetz. Dies geschah in Karlsruhe selbst am 15. Dezember 1996 durch die Verbindungsstrecke vom Albtalbahnhof auf die DB-Gleise in Richtung Baden-Baden, über die fortan die Züge der S4 rollten. Im Stadtteil Durlach war eine entsprechende Verbindung bereits am 1. September 1991 eröffnet worden, die heute S4 und S5 nutzen. In Knielingen und in Wörth, auf der anderen Seite des Rheins, geschah dies für die heutige S5 am 29. September 1997.

Nicht vergessen werden darf der jüngste Coup: Seit dem 21. Juli 2001 enden die S-Bahnen aus Karlsruhe nach Heilbronn (S4) nicht mehr im Heilbronner Hauptbahnhof, sondern sie verlassen im westlichen Vorfeld die DB-Gleise und schwenken dann auf den Bahnhofsvorplatz von wo es weiter in die Innenstadt geht. Von dort rollen die Triebwagen bald weiter auf DB-Strecken in Richtung Öhringen und Bad Friedrichshall. Von der Ausfädelung bis kurz vor den Bahnhofsvorplatz Heilbronn fahren die gelben Zweisystem-Stadtbahnwagen nach EBO, dann erst nach BOStrab. Kurioserweise liegt die Trennstelle zwischen städtischer Gleichspannung und dem 15 kV-System der DB weitere ca. 300 m weiter in Richtung City (vor der Post), so dass unter dem beeindruckenden Glasdach vor Heilbronns Hauptbahnhof Hochspannung herrscht, aber de jure eine Straßenbahn hält. Dies nur als Beispiel dafür, wie verzwickt oft die Trennung zwischen Straßen- bzw. Stadtbahn hier und Eisenbahn dort sein kann.

Abschließend ist noch von einer inzwischen wieder rückgängig gemachten Neuerung zu berichten. Speziell für den Ausflugsverkehr führte die Albtalbahn zum 29. Mai 1994 erstmals ein sonntägliche Zugpaar von Bruchsal, später von Menzingen, nach Bad Herrenalb, das bis bzw. in Karlsruhe das DB-Gleisnetz befuhr und in Ettlingen West von der DB-Magistrale nach Basel auf die zuvor nicht mehr planmäßig im Personenverkehr genutzte Albtalbahn-Strecke nach Ettlingen wechselte. Dies geschah letztmals am 26. September 1998. Diese Ausflügler-Züge waren ihrerseits die Reste eines unauffälligen, bis 1994 gefahrenen alltäglichen Personenverkehrs zwischen Ettlingen und Ettlingen West: Ein- und Ausrücker-Züge, die zwar offiziell nicht im Kursbuch standen, bei denen aber Reisende mitgenommen wurden.

2.2.8 Stuttgart

Gut vier Monate nach der S-Bahn Rhein-Main nahm am 29. September 1978 die S-Bahn Stuttgart ihren Betrieb auf. Auch ihr Kernstück ist wie in Frankfurt und München ein City-Tunnel, der schrittweise eröffnet wurde. Auf ihn laufen die S-Bahnen, die außerhalb der Stuttgarter City im Wesentlichen vorhandene Strecken nutzen, aus mehreren Richtungen zu. Ähnlich wie in Frankfurt und München tauchen in Stuttgart die S-Bahnen im Vorfeld des Hauptbahnhofs ab, halten darunter sowie in den U-Stationen Stadtmitte und Feuersee, bevor sie die unterirdische Wendeschleife an der Haltestelle Schwabstraße erreichen. Hier endeten bzw. begannen zunächst alle S-Bahn-Züge, und auch heute, da der Tunnel längst weiter führt, wird die Wendeanlage Schwabstraße planmäßig von den Zügen der Linien S4, S5 und S6 befahren.

Es dauerte einige Jahre, bis die 8 km messende Verlängerung von der Wendeschleife Schwabstraße hinauf nach Stuttgart-Vaihingen eröffnet werden konnte, denn dies war das technisch wohl schwierigste Teilstück. Es musste großenteils in bergmännischem Vortrieb erstellt werden und weist starke Neigungen auf, die Station Schwabstraße liegt nämlich auf 276 m ü. NN, Vaihingen auf 435 m ü. NN. Am 28. September 1985 eröffnete man die Neubaustrecke mit der unterirdischen Station Stuttgart Universität sowie den bereits wieder am Tageslicht liegenden Stationen Stuttgart-Österfeld und Stuttgart-Vaihingen. In Stuttgart-Rohr, 1 km südlich von Vaihingen gelegen, knüpft die S-Bahn an die alte »Gäubahn« in Richtung Horb an, auf deren Gleisen die ET 420 zunächst bis Böblingen rollten, seit dem 5. Dezember 1992 fahren sie bzw. ihre aktuellen Nachfolger der Baureihe ET 423 sogar bis Herrenberg.

In Rohr zweigt aus der City-Stammstrecke auch die jüngste Stuttgarter S-Bahn ab, nämlich diejenige zum Flughafen (S2, S3). Diese 8 km lange Verbindung, die bis Leinfelden teils eine ältere, zuletzt aber nur noch im Güterverkehr genutzte Trasse der Nebenbahn nach Waldenbuch aufnimmt, ging am 17. April 1993 in Betrieb. Aber der Flughafen in Echterdingen war nur vorübergehend die Endstation, seit dem 30. September 2001 unterqueren die Triebwagen in einem rund 3 km langen Tunnel das Flughafengelände, um schließlich in Bernhausen zu enden.

Als nächstes großes Ziel hat sich die S-Bahn Stuttgart die Bedienung der derzeit nur im Güterverkehr genutzten, aber bereits elektrifizierten Strecke Renningen–

Bei der Verlängerung des Tunnels von Stuttgart Schwabstraße in Richtung Stuttgart-Vaihingen wurde vor allem letzterer Bahnhof vollständig auf den Kopf gestellt. Neben dem viergleisigen Ausbau der Strecke vom Tunnelmund nach Stuttgart-Rohr wurde u.a. auch eine neue Stadtbahn-Haltestelle der SSB errichtet. Am 29.3.1983 schlängelt sich 110 234 mit ihrem Zug durch die Baustellen.

Zwischen zwei breiten Brückenbauwerken liegt die Station Echterdingen weitgehend im Freien. 420 954 hat im April 2001 den damaligen Endpunkt Flughafen fast erreicht. Während in München die ersten Serien der Baureihe 420 bereits verschrottet werden, wurden die neueren Stuttgarter Wagen noch bis 1997 gebaut.

Sindelfingen–Böblingen vorgenommen sowie eine Ausweitung des S-Bahn-Angebots auf die ebenfalls elektrifizierte Verbindung Backnang–Marbach (KBS 790.4) und die noch nicht elektrifizierte Bahnlinie Wendlingen–Oberlenningen (KBS 761).

2.2.9 München

Für die Realisierung neuer Eisenbahn-Nahverkehrssysteme in der Bundesrepublik war die am 28. Mai 1972 eröffnete Münchner S-Bahn richtungsweisend. Nach den beiden Gleichstrom-Klassikern Berlin und Hamburg wurde in der bayerischen Metropole erstmals eine Innenstadt mit dem Umland durch umsteigefreie Verbindungen erschlossen. Kernstück der Münchner S-Bahn ist der City-Tunnel, der zwischen Hackerbrücke und Hauptbahnhof abtaucht und vor dem Ostbahnhof wieder das Tageslicht erreicht. Außerhalb der Stadt benutzen bzw. folgen die Münchner S-Bahn-Züge im Wesentlichen bereits zuvor vorhandene(n) Strecken.

Alle Münchner S-Bahn-Linien – ausgenommen die S27, die im oberen Teil des Hauptbahnhofs beginnt bzw. endet und die Diesel-Linie A von/nach Altomünster – durchfahren den City-Tunnel, die meisten der täglich rund 720.000 S-Bahn-Fahrgäste steigen unter Tage ein oder aus. Im Regelbetrieb rollen 24 Züge pro Stunde und Richtung durch den Tunnel. Gern würde man in und um München den S-Bahn-Takt, der noch immer auf dem 20-Minuten Grundtakt basiert, verdichten, aber noch mehr Züge erlaubt der Tunnel bzw. die durch die kurzen Haltestellenabstände dort vorgegebene Zugfolge bislang nicht.

Die wichtigsten Erweiterungen des Münchner S-Bahn-System – und hierbei handelt es sich jetzt um echte Neubaustrecken – hängen mit der Verlegung des Münchner

Was haben die Bahnhöfe Pegnitz, Hamm, Neufahrn, Hannover oder Teuchern gemeinsam? Dort trennen und vereinigen sich regelmäßig Flügelzüge: Am 13.3.1999 wartet 420 673 in Neufahrn auf die Abfahrt des etwas älteren 420 119 in Richtung Flughafen um anschließend seinem Endpunkt Freising zuzustreben. In München wechselte die Farbgebung der S-Bahn mehrfach. Nach dem beliebten Weiß/Blau kam Weiß/Orange, später mit gelbem Zierstreifen und heute Rot mit weißen Türen und grauen Fronten.

Im Linksverkehr verschwindet der neue 423 091 am 17.10.2001 im Tunnel des Münchener FJS-Flughafens. Auch wenn die Wagen der Baureihen 423 bis 426 sehr ähnlich aussehen, sind sie doch im konstruktiven Aufbau teilweise sehr unterschiedlich. Rechts im Hintergrund ist der Tower des Flughafens zu erkennen.

Flughafens von Riem ins Erdinger Moos zusammen. Zunächst schloss allein die S8 den Flughafen ans Nahverkehrsnetz an. Diese hatte bis dahin im Bahnhof Ismaning geendet, dem man noch Anfang der Neunzigerjahre seine Vergangenheit als stille Lokalbahn-Station deutlich ansah. Von Ismaning wurde die Strecke zweigleisig um gut 18 km bis in die Unterwelt des neuen Flughafen-Terminals verlängert, am 17. Mai 1992 ging die erste Münchner Flughafen-S-Bahn gemeinsam mit dem Airport in Betrieb.

Die zweite, meist als »Neufahrner Spange« bezeichnete Neubaustrecke folgte sechseinhalb Jahre später zum 28. November 1998. Auch dabei handelt es sich um die Verlängerung bzw. Verzweigung einer vorhandenen Linie, nämlich der S1. Aus deren Stammtrasse nach Freising zweigt im Bahnhof Neufahrn eine rund 7 km lange zweigleisige Strecke ab, die ebenfalls in »München Flughafen Terminal« endet und sich mit der S8 vor der Station Flughafen-Besucherpark vereinigt. Die S1 wird heute so bedient, dass die Züge aus der Innenstadt in Neufahrn getrennt werden und dann ihre jeweiligen Endstationen ansteuern und umgekehrt.

Der Kopfbahnhof München Flughafen Terminal muss nicht auf immer und ewig eine Endstation im S-Bahn-Netz bleiben. Es gibt Überlegungen, von hier aus neue S-Bahn-Strecken nach Erding (S6) bzw. an die Hauptbahn in Richtung Mühldorf durchzubinden sowie eine Weiterführung mit direkter Anbindung an die Hauptbahn nach Landshut zu schaffen. Das ist aber vorerst Zukunftsmusik, im Mittelpunkt des konkret laufenden und bis 2004 terminierten Ausbauprogramms für die Münchner S-Bahn steht der Ausbau bestehender Verbindungen, etwa zwischen Ostbahnhof und Riem, Giesing und Deisenhofen oder Allach und Dachau. Zudem beschloss man im Frühjahr 2001 endlich, für die S-Bahn eine zweite Tunnelröhre durch die Innenstadt zu schaffen, weil nur so eine wirklich dauerhafte Lösung für das Kernproblem der S-Bahn München – ihr stetig wachsender Erfolg – zu finden ist.

2.3 Weitere Streckenneubauten

2.3.1 KBS 193 Wolgast Hafen–Wolgaster Fähre

Zum 1. Juni 1995 übernahm die ein paar Monate zuvor gegründete Usedomer Bäderbahn (UBB) den Eisenbahnverkehr auf Deutschlands östlichster Ostsee-Insel. Die UBB ist eine weitgehend eigenständige Tochter der Deutschen Bahn AG, und ihr ist von der Mutter der Auftrag mit auf den Weg gegeben worden, der Eisenbahn-Welt deutlich zu machen, dass auch die große Staatsbahn einen erfolgreichen Verkehr aufziehen kann, wenn sie sich wie eine Privatbahn entfalten darf. So gesehen war die UBB auch von Beginn an ein Musterbetrieb für die bevorstehende Gründung weiterer regionaler Bahngesellschaften unter dem Dach der DB AG.

Neuer Schwung war auch dringend notwendig, seit 1990 waren die Fahrgastzahlen auf Usedom drastisch zurückgegangen, eine Zeit lang war sogar eine Stilllegung der Insel-Eisenbahn im Gespräch. Nun, die UBB macht ihre Sache gut, die Fahrgastzahlen gingen wieder steil nach oben, moderne Fahrzeuge, erneuerte Infrastruktur und eine gezielte Öffentlichkeitsarbeit verfehlten

Vom früheren Hochhaus der SED bietet sich heute ein guter Überblick auf die Neubaustrecke der UBB über die Peene. Am 26.7.2001 führt 946 104 das Gespann aus zwei GTW 2/6 in Richtung Züssow an. Das Haus am Ufer links oben ist der frühere Insel-Endbahnhof Wolgaster Fähre.

Auch im Wolgaster Hafen musste eine neue Brücke für die UBB erstellt werden. 946 113 befährt sie am 26.7.2001 vor der Kulisse eines alten Speichers und des Hochhauses, das im vorigen Bild als Fotostandort diente.

ihre Wirkung nicht. Hinzu kam außerdem ein Ereignis, dessen Bedeutung nicht hoch genug veranschlagt werden darf: Die Insel-Bahn hat heute wieder einen direkten Schienenanschluss ans Festland, und zwar in Wolgast.

Eine Schienenverbindung zum Festland hatte die »Badewanne Berlins« natürlich früher schon gehabt, allerdings an andere Stelle, nämlich in Karnin. Über die dortige Hubbrücke rollten einst sogar direkte Schnellzüge ins Seebad Heringsdorf, die im Abzweigbahnhof Ducherow die Hauptbahn Berlin–Pasewalk–Stralsund verlassen hatten. Kurz vor Ende des Zweiten Weltkriegs sprengten deutsche Truppen am 28. April 1945 die Brücke, Usedom war fortan ohne Eisenbahn-Anschluss ans Festland. Schlimmer noch, bald darauf teilte man die Insel, der östliche Zipfel mit der Inselmetropole Swinemünde wurde Polen zugeschlagen und die Eisenbahnverbindung von Heringsdorf nach Swinemünde 1948 gekappt. Natürlich gibt es heute, da Polens Aufnahme in die Europäische Union bevorsteht, längst Pläne, durch eine Reaktivierung der Strecke Ducherow–Karnin–Swinemünde oder durch eine entsprechende Strecke auf rein deutschem Gebiet die Insel Usedom wieder auf kurzem Weg an die Hauptbahn Berlin–Stralsund anzubinden. Außerdem dachten die Polen eine Zeit lang darüber nach, den Swine-Strom mit einer Eisenbahnbrücke oder einem Eisenbahntunnel zu queren, aber alle diese Varianten wären mit riesigen Investitionen und einem entsprechenden Zeithorizont verbunden.

Also taten die Usedomer und ihre Bäder-Bahner gut daran, nach einer schnelleren und preiswerteren Alternativen Ausschau zu halten. Diese bot sich gegenüber von Wolgast, also im Norden der Insel, geradezu an. Hier sind Ei- und Festland nur ein paar kräftige Steinwürfe von einander entfernt, genauso wie die Eisenbahnen: Auf dem Festland endete die Nebenbahn aus Züssow – auch dieser Bahnhof liegt an der Hauptbahn Berlin–Stralsund – in Wolgast Hafen unmittelbar am Wasser[7]. Praktisch in Sichtweite lag am anderen Ufer des Peene-Stroms die Endstation Wolgaster Fähre der Inselbahn-Strecke aus Heringsdorf, eröffnet am 1. Juni 1911 von den Preußischen Staatseisenbahnen. Da ohnehin für den Straßenverkehr eine große neue Klappbrücke gebaut wurde, stattete man diese gleich mit einem Eisenbahngleis aus.

Die neue Schienenverbindung wurde am 26. Mai 2000 feierlich eröffnet, der planmäßige Betrieb begann am 28. Mai 2000, wobei man seitens der UBB und ihrer Muttergesellschaft darauf geachtet hatte, zwischen Züssow und der Insel keinen gebrochenen Verkehr anzubieten. Mit anderen Worten: Die modernen GTW 2/6-Dieseltriebwagen der UBB verkehren von Ahlbeck bis Züssow durchgehend, die alte Festlandstrecke ist also konsequenterweise in die UBB eingebunden worden. Allerdings hatte es zu diesem Zweck auch einen Wechsel in den Eigentumsverhältnissen der Strecke Züssow–Wolgast gegeben: bereits zum 26. September 1999 hatte die UBB die komplette Infrastruktur von DB Netz übernommen. Hierbei soll nicht verschwiegen werden, dass an dieser zuvor elektrifizierten Route der Fahrdraht samt Masten etc. entfernt wurde.

7 Bereits 1863/64 hatte die Berlin-Stettiner Eisenbahngesellschaft diese Strecke eröffnet.

Von polnischer Seite und über den Stacheldraht und den geharkten Streifen hinweg fotografiert sah 771 023 der UBB am 21.7.1997 so aus. Zurzeit fahren hier fast nur noch die GTW 2/6, und in wenigen Jahren fehlt hier hoffentlich der Zaun und die Züge fahren bis Swinemünde Bad. Vielleicht weist die Kilometertafel 204,3 in eine noch fernere Zu(g)kunft: Die direkte Strecke nach Berlin.

Die »Sassnitz« hat festgemacht und 291 002 holt am 1.8.1998 zusammen mit einigen Güterwagen vier Interregio-Wagen vom Fährschiff, die anschließend am Bahnsteig für die Weiterreise bereitgestellt werden. Eine 143 wird mit dem Zug die größte deutsche Insel über Rügendamm und Strelasund-Brücke verlassen.

2.3.1.1 KBS 193 Seebad Ahlbeck–Ahlbeck Grenze

Aber auch im Osten der Insel war man zwischenzeitlich nicht tatenlos. Auf der Trasse der am 1. Juli 1894 von den Preußischen Staatseisenbahnen eröffneten und 1948 gekappten Verbindung zwischen Seebad Heringsdorf und Swinemünde wurden die vordem in Seebad Ahlbeck endenden Gleise um etwa 2 km bis an den Grenzzaun zu Polen verlängert. Dieses seit dem 8. Juni 1997 existierende Angebot erfreut sich im Strom des stetig wachsenden Grenzgänger-Tourismus großer Beliebtheit.

2.3.2 KBS 195 Abzweig Borchtitz–Sassnitz Fährhafen

Schon seit dem Ersten Weltkrieg wurde auf Rügen über eine Ablösung des alten Trajekthafens Sassnitz durch leistungsfähigere Alternativen nachgedacht, aber erst in den Achtzigerjahren des 20. Jahrhunderts geschah etwas.

Wir erinnern uns: Den alten Hafen Sassnitz – bis 1993 galt die Schreibweise Saßnitz – erreichte man seit 1897 auf der Schiene. Das war nicht ohne Komplikationen, denn vom benachbarten Bahnhof führte eine betrieblich pikante Steilstrecke gut 35 m bergab zu den Kaianlagen.

Im Jahr 1909 kam der florierende Eisenbahn-Fährverkehr nach Trelleborg hinzu, kurzum, mit dem Eisenbahnverkehr im Hafen von Sassnitz ging es bald kräftig bergauf. Schließlich ersetzte 1936 der Rügendamm die Trajektverbindung über den Strelasund, die Kapazität des Eisenbahnnetzes auf Rügen wuchs deutlich, der Sassnitzer Hafen kam da kaum noch mit. Aber nach dem Ende des Zweiten Weltkrieges standen während der DDR-Jahre touristische Erfordernisse eher hinten an.

Eine neue Chance tat sich 1980 auf. Der Verkehr zwischen der DDR und der Sowjetunion hatte sich schon länger als durchaus verbesserungsfähig erwiesen, aber bis dahin war nichts geschehen. Doch als nun in Polen das Gespenst des Umsturzes in Form der Gewerkschaft *Solidarnosc* umging, mussten dringend Alternativen für die an sich wenig leistungsfähige, durch Polen führende Landverbindung zwischen der UdSSR und der DDR gefunden werden, immerhin stand hier die Verbindung der in der DDR stationierten Glieder der Roten Armee mit der Heimat auf dem Spiel. Die Lösung des Problems bot eine direkte Eisenbahn-Fährverbindung zwischen der DDR und einem Hafen in der UdSSR. Konkret fiel die Wahl auf Klaipeda (Memel) und den Ort Mukran bei Sassnitz.

Mukran brachte gute Voraussetzungen für einen leistungsfähigen Fährhafen und einen angeschlossenen Bahnhof mit. Das Wasser der Ostsee ist hier ausreichend tief, das unmittelbare Küsten-Hinterland war relativ eben und ließ Platz für einen weiträumigen Bahnhof; denn schließlich mussten nicht nur ein Grenz- und Fährbahnhof, sondern auch ein ausgedehnter Umspur-Bahnhof sowie Umladeanlagen angelegt werden, weil die Schiffe aus Memel Breitspur-Fahrzeuge über die Ostsee brachten.

Weiter landeinwärts am Haltepunkt Mukran Mitte warten am 1.8.1998 einträchtig 143 067 (ex DR), eine 140 (ex DB) und eine 155 (ex DR) auf neue Taten. Die für den Dienstpersonenverkehr errichtete Normalspurstrecke längs des riesigen Rangier- und Umspurbahnhofs Mukran dient heute zwischen Abzweig Borchtitz und Mukran Mitte den Personenzügen. Ab hier benutzen die Züge teilweise ehemalige Gütergleise und größtenteils eine neu erbaute Trasse.

Unter dem schiffsbrückenähnlichen Empfangsgebäude von Sassnitz Fährhafen parkt am 1.8.1998 die Diesellok 291 002 und wartet auf die Ankunft der Schwedenfähre. Die Maschine trägt als eine der letzten noch das Bordeaux-Rot der verblichenen alten Bundesbahn.

Den neuen Fährbahnhof Mukran band eine eingleisige Strecke, die in Borchtitz abzweigt, an die Insel-Hauptbahn Bergen–Sassnitz an. 1983 wurde diese Strecke fertig gestellt und diente zunächst dem Bau-Verkehr, 1986 ging die Anlage dann in Betrieb. Öffentlichen Personenverkehr gab es dabei nicht, die Eisenbahnfähren fuhren weiterhin über Sassnitz, in Mukran wurden lediglich ein paar kleine Haltepunkte für den Berufsverkehr angelegt, arbeiteten hier doch zeitweilig über 1500 Eisenbahner.

Sein bestes Jahr erreichte der Bahnhof Mukran rasch: 1989 wurden hier mehr als drei Millionen Netto-Tonnen Ladung durchgeschleust, sechs Jahre später war es nur noch ein Zehntel dessen. Die Rote Armee war abgezogen, statt Güterwagen bestimmten mehr und mehr LKW denn Normal- oder Breitspur-Güterwagen das Bild. Der Fährbahnhof Mukran war also meilenweit von seiner ursprünglich vorgesehenen Kapazität entfernt. Was lag da näher, als die umständliche Verschiffungs-Prozedur in Sassnitz aufzugeben und nach Mukran zu verlagern? Der vorhandene Hafen musste für die neuen Aufgaben erweitert und angepasst werden, außerdem benötigte man einen Personenbahnhof. Dabei beschränkte sich die DB nicht darauf, Eisenbahn-Fährdienste anzubieten, sondern fuhr auch Regionalverkehrszüge, passend zu den Fahrzeiten der Schiffe.

Der neue »Fährhafen Sassnitz auf Rügen« ging am 7. Januar 1998 in Betrieb und löste den alten Hafen Sassnitz ab, den längst nicht so angenehm klingenden

Der neue Bahnhof von Stapelburg liegt auf freiem Feld und ist nur mit dem Allernötigsten ausgestattet. Am 14.9.1999 ist mit 628/928 601 eine Reisende dort angekommen.

Weitaus eindrucksvoller als die in Stapelburg haltenden 628er sind die hier durchfahrenden Stahlzüge mit ihren zwei Loks der Baureihe 232. Gewöhnungsbedürftig sind sicherlich auch die Y-Stahlschwellen im Gleis. Am Haltepunkt selbst sind Anfang Juni 1996 noch letzte Restarbeiten zu erledigen.

Namen Mukran hatte man also gestrichen. Aber wohl nicht nur aus Marketing-Gründen, immerhin ist die Gemeinde Sassnitz heute auch Eigentümerin des Hafens.

Fazit: Aus dem Brückenpfeiler für einen ungestörten Ost-West-Verkehr zwischen den sozialistischen Bruderstaaten UdSSR und DDR wurde so ein neuer Stützpunkt für den Nord-Süd-Verkehr zwischen Schweden und Kontinentaleuropa. Zwar legen hier noch immer Fähren nach Klaipeda ab, aber Schiffe von und nach Skandinavien überwiegen natürlich längst – und auf den Schiffen die Autos, nicht die Eisenbahnwagen. Bei Letzteren handelt es sich fast ausschließlich um Güterwagen, denn inzwischen ist im Reiseverkehr nur noch ein meistens sehr kurzes, von der privaten Georg-Verkehrsgesellschaft gefahrenes Nachtzugpaar Berlin–Malmö übrig geblieben.

2.3.3 KBS 330 Vienenburg–Stapelburg

Aus den nicht wenigen Lückenschlüssen zwischen Ost und West nach der Wende ragt derjenige zwischen Vienenburg und Stapelburg am Nordharz heraus. Nicht deshalb, weil ihm eine größere Verkehrsbedeutung zukommt als den anderen, sondern weil hier nicht die alten Trassen aus der Zeit vor der Teilung Deutschlands wieder mit neuem Schotter und neuen Gleisen bestückt wurden. Stattdessen baute man im Wesentlichen eine völlig neue Verkehrsverbindung.

Bis Mitte des 20. Jahrhunderts stellte sich hier, im nördlichen Harzvorland, die Situation wie folgt dar: Von Vienenburg führte eine zweigleisige Hauptbahn fast schnurgerade in Richtung Osten und erreichte über Wasserleben und Heudeber-Danstedt das regionale Zentrum Halberstadt. Die Strecke war von der Magdeburg-Halberstädter Eisenbahngesellschaft (MHE) gebaut und am 1. März 1869 eröffnet worden. Bis zum Ende des Zweiten Weltkriegs fuhren hier lange Güterzüge und namhafte Ost-West-Fernzüge, etwa die D 29/30 Aachen–Arnsberg–Holzminden–Kreiensen–Berlin, D 131/132 Wesermünde (Bremerhaven)–Hannover–Halle–Dresden oder D 171/172 Amsterdam–Hannover–Leipzig.

In Vienenburg traf die MHE-Magistrale auf die sich hier vereinigenden Strecken von Goslar und Bad Harzburg nach Braunschweig, außerdem ab 1875 auf die Strecke nach Hildesheim/Hameln des »Eisenbahnkönigs« Strousberg (Hannover-Altenbekener Eisenbahn). Vienenburg war also ein wichtiger Eisenbahnknoten, wegen des starken Güterverkehrs war an der alten Ost-Einfahrt des Bahnhofs ein großer Rangierbahnhof entstanden und 1924 die Braunschweiger Strecke dergestalt in den Bahnhof neu eingeführt worden, dass auch Züge von/nach Braunschweig direkt den Rangierbahnhof erreichen konnten. Auf diese Weise erklärt sich der große Bogen, den die Züge der Relation Braunschweig–Goslar/Bad Harzburg hier heute fahren.

Mit der Teilung Deutschlands sank der Rangierbahnhof praktisch in die Bedeutungslosigkeit, die alte Ost-West-Magistrale war nämlich gut 10 km östlich von Vienenburg bei Schauen gekappt worden. Im Westen lag die Strecke fortan still, im Osten verknüpfte die Reichsbahn den Stummel unter Einbeziehung der Osterwieck-Wasserlebener Eisenbahn zur späteren Kursbuchstrecke 327 (Heudeber-Danstedt–Osterwieck), das Reststück von Wasserleben bis zur Grenze bei Schauen legte sie still.

Als mit der Wiedervereinigung Deutschlands die Diskussion um die Lückenschlüsse am Nordharz begann, standen zwei 1945 gekappte Strecken zur Auswahl, nämlich Bad Harzburg–Stapelburg und Vienenburg–Schauen. Da jedoch die Finanzmittel wie die Verkehrsprognosen den Wiederaufbau nur einer Strecke zuließen, machte man aus beiden das Beste: Wegen des höheren Verkehrsaufkommens und der besseren Anschlüsse sollte die neue West-Ost-Route in Vienenburg beginnen, wegen der herausragenden regionalen Bedeutung Wernigerodes sollte sie jedoch nicht auf der alten MHE-Trasse via Schauen führen, sondern bei Stapelburg an die einst aus Bad Harzburg kommende Nebenbahn über Ilsenburg nach Wernigerode anbinden. In der Praxis sieht das so aus, dass die neue Verbindung Vienenburg–Stapelburg zunächst auf etwa 4 km Länge der alten Hauptbahn nach Halberstadt folgt, sich dann aber nach Süden wendet und über eine 8 km lange Neubaustrecke südlich des alten Bahnhofs Stapelburg an die Wernigeröder Bahn anschließt. Am 2. Juni 1996 ging die Strecke in Betrieb.

Das gewählte Konzept hat sich bewährt, die Strecke ist heute dicht befahren von vertakteten Regionalbahnen und Regionalexpress-Zügen, die Sachsen-Anhalt mit Niedersachsen verbinden; hinzu kommt ein recht beachtlicher Güterverkehr zwischen dem Walzwerk Ilsenburg bzw. dem dortigen Radsatzwerk und dessen Mutter-Unternehmen, den Stahlwerken Peine-Salzgitter. Für die schweren Stahlzüge, die in der Regel mit zwei Dieselloks der Baureihe 232 als »Sandwich« gefahren werden, sind die vorwiegend auf Y-Stahlschwellen ruhenden Gleise für eine Radsatzlast von 22,5 t ausgelegt worden.

Auch wenn die großen Fernzüge von einst Geschichte sind – das 1996 eingeführte Interregio-Zugpaar Aachen–Hannover–Wernigerode–Leipzig ist wieder eingestellt worden –, zwischen Halberstadt, Wernigerode und dem Raum Goslar kann sich das Bahn-Angebot heute wieder sehen lassen.

2.3.4 KBS 11031 Riffelriß–Zugspitzplatt

Dies ist der Gipfel im deutschen Eisenbahnnetz – jedenfalls dann, wenn man mit planmäßig verkehrenden Zügen fährt. 2.590 m hoch liegt, so kann man es im Kursbuch nachlesen, die Endstation Bf Zugspitzplatt der »Bayerischen Zugspitzbahn Bergbahn AG«, 76 Minuten braucht man, um vom Talbahnhof Garmisch-Partenkirchen (700 m ü. NN) dorthin zu gelangen. Es ist gar nicht lange her, da kam man mit der (meterspurigen) Zugspitz-Zahnradbahn noch ein paar Meter höher hinaus, nämlich zur alten Endstation Schneefernerhaus, welche 2.650 m über dem Meeresspiegel liegt. Diese Station Schneefernerhaus war mit dem zweiten Teilstück der Bahn selbst (ab Eibsee) am 8. Juli 1930 eröffnet worden, Garmisch-Partenkirchen–Eibsee steht seit dem 19. Dezember 1929 zur Verfügung. Ab Schneefernerhaus konnte man dann mit der vom gleichen Betreiber geführten Seilbahn bis nahe an den Gipfel weiterfahren.

Nun wollen aber die meisten Besucher der Zugspitze längst nicht mehr das Gipfelkreuz berühren, sondern einfach nur Ski auf dem Zugspitzplatt fahren. Dem Willen der Aktiven fügte sich die Zugspitzbahn AG und eröffnete am 21. Dezember 1992 die neue Strecke mit der neuen Endstation Zugspitzplatt. Sie liegt ebenso wie die alte im Tunnel und zweigt etwa einen Kilometer hinter der Station Riffelriss (1650 m ü. NN) aus der alten Trasse ab. Fertig gestellt worden ist diese Strecke bereits früher und steht seit 1990 im Kursbuch, allerdings ohne Angabe von Zugverkehr. Planmäßig betrieben wird sie erst seit dem oben genannten Datum. Auch die alte Route zum Schneefernerhaus ist noch vorhanden, wird allerdings im Regelbetrieb nicht mehr angefahren, sondern dient der Bedienung der in diesem traditionsreichen Gebäude jetzt vorzufindenden Forschungsstation der Fraunhofer-Gesellschaft.

In fast 2.600 m Höhe präsentieren sich die beiden modernen Doppeltriebwagen der Zugspitzbahn im neuen Bahnhof Zugspitzplatt. Die Fahrzeuge sind für einen durchgehenden Einsatz auf Zahnrad- und Adhäsionsstrecke ausgelegt.

3. Fern-, Regional- und S-Bahn-Strecken im Großraum Berlin

Berlin war und ist der Brennpunkt des deutschen Eisenbahnnetzes. Berlin war auch der Brennpunkt der innerdeutschen Krisen und Konfrontationen nach dem Zweiten Weltkrieg, war erstes Symbol und erstes Opfer der Teilung Deutschlands. Dementsprechend war und ist Berlin auch der Kristallisationspunkt der Wiedervereinigung und – mit Blick auf das Schienennetz – des Neu- und Wiederaufbaus des Eisenbahnsystems.

Aber blicken wir ein halbes Jahrhundert zurück. Im Sommer 1945 war das Gleisnetz der deutschen Hauptstadt schwer beschädigt, aber in seinen Grundzügen durchaus noch vorhanden. Es gab die innere Ringbahn mit den Fern- bzw. Gütergleisen und dem S-Bahn-Ring, es gab die Stadtbahn als Ost-West-Hauptschlagader, es gab die Fern-Kopfbahnhöfe – auch wenn deren Empfangsgebäude bzw. Hallen in Trümmern lagen –, auf denen einst die meisten großen Schnellzüge abfuhren und ankamen. Und es gab die Eisenbahner, die alles Erdenkliche daran setzten, wieder einen brauchbaren Schienenverkehr zu ermöglichen – durchaus mit Erfolg.

Aber schon 1946 wurde klar: Kaum etwas sollte so bleiben oder wieder so werden, wie es vor dem Krieg gewesen war. Schauen wir zunächst auf den Fernverkehr. Noch 1945 wurde der Potsdamer Bahnhof für Reisezüge geschlossen, 1951 Görlitzer und Lehrter Bahnhof, 1952 Anhalter und Stettiner Bahnhof. Seit 1946 bereits hatte die Reichsbahn damit begonnen, West-Berlin abzugrenzen, das heißt, für den Verkehr zwischen der sowjetischen Besatzungszone, also der späteren DDR, und dem Ostteil Berlins die Züge um West-Berlin zum Schlesischen Bahnhof herumzuführen. Bei Letzterem handelt es sich um den heutigen Ostbahnhof an der Stadtbahn. Diese Bezeichnung hatte er schon 1950 erhalten, 1987 war er an das elektrifizierte Netz der DDR-Reichsbahn angeschlossen worden und hatte standesgemäß den Titel Berlin Hauptbahnhof erhalten, ehe er mit Abschluss der Stadtbahn-Sanierung 1998 wieder den Namen Berlin Ostbahnhof erhielt.

Der Name Hauptbahnhof bleibt für das jetzt an der Stelle des alten Lehrter Bahnhofs entstehende zentrale City-Bahnhofskreuz reserviert, das bislang noch den Arbeitstitel »Lehrter Bahnhof« trägt.

Ab 1953 dienten die Ferngleise der westlichen Stadtbahn nur noch dem Interzonen- und internationalen Verkehr, nicht mehr der Binnen-Verbindung zwischen der DDR und Ost-Berlin. Die Umfahrung Westberlins bedeutete für die Reichsbahn enorme Probleme, die erst mit der Fertigstellung des Berliner Außenrings 1957 gemildert wurden.

3.1 Fernverkehr nach dem Mauerbau

Einen weiteren Einschnitt bedeutete der Mauerbau im August 1961. Der Interzonenverkehr zwischen West-Berlin und der Bundesrepublik wurde ab Ende 1961 nur noch über den Kontrollpunkt Griebnitzsee abgewickelt. Das heißt, die Züge von West-Berlin – wo inzwischen der City-nahe Bahnhof Zoologischer Garten zum wichtigsten Fernbahnhof aufgestiegen war – fuhren in Richtung Bundesrepublik fortan allesamt von Zoo über Wannsee nach Griebnitzsee an der Strecke Berlin–Potsdam, erreichten hier die DDR, um sich nun zu verteilen.

Im Wesentlichen sah das so aus:

- die Züge in Richtung Hannover/Köln blieben auf der Potsdamer Bahn und fuhren weiter Richtung Magdeburg,
- die Hamburger Züge schwenkten auf den Berliner Außenring (BAR) ein, um im Kreuz Brieselang auf die alte Berlin-Hamburger Bahn überzuwechseln,
- die Züge in Richtung Süddeutschland blieben auf der so genannten Wetzlarer Bahn und steuerten dann die Bahnlinie Dessau–Halle/Leipzig an.

Mit anderen Worten: Die alten Fernbahngleise der Hamburger Bahn und der Lehrter Bahn – beide liefen einst vereint ab Spandau zum Lehrter Bahnhof, dann auch zum Westkreuz (Stadtbahn) – verwaisten innerhalb Berlins, außerhalb wurden sie auf DDR-Gebiet noch teilweise bis Staaken an der Lehrter Bahn[1] bzw. Albrechtshof an der Hamburger Bahn[2] benutzt. Vor allem für die Züge Berlin–Hamburg bedeutete der Mauerbau bzw. die Konzentration des Interzonenverkehrs auf Griebnitzsee natürlich einen enormen Umweg. Von diesem Schlag sollte sich der Eisenbahn-Fernreiseverkehr zwischen den beiden größten Städten Deutschlands nicht wieder erholen. Auch die Tatsache, dass ab 26. September 1976 der neue Übergang Staaken – also die Lehrter Bahn – für Transitzüge Berlin–Hamburg eröffnet wurde und nun die Reisezeit um etwa 50 Minuten sank, machte die Berlin-Hamburger Eisenbahn im öffentlichen Bewusstsein nicht wieder attraktiv.

1 Fernverkehr gab es hier seit 1951 nicht mehr.

2 Der Fernverkehr Berlin–Hamburg endete hier am 5. Dezember 1961; siehe auch Fiegenbaum/Klee, »Abschied von der Schiene 1991-1995«, S. 9 ff.

3.2 Hamburger und Lehrter Bahn

Für den Verkehr zwischen Berlin und Hannover/Köln war schon das Ende des Fernverkehrs auf dem östlichen Abschnitt der Lehrter Bahn zwischen Oebisfelde und Spandau unmittelbar mit Kriegsende ein ähnlich harter Schlag gewesen, da der Weg über Magdeburg, der nun ausschließlich genutzt wurde – von dort ging es weiter über Braunschweig und über Oebisfelde/Wolfsburg –, natürlich sowieso langsamer war als der über Stendal. Von der Eröffnung des Übergangs Staaken 1976 profitierte die

Herzstück der Reaktivierung der Hamburger Bahn ist der neue Bahnhof Berlin-Spandau auf dem Areal des früheren S-Bahnhofs Spandau West. In diese neue Bahnhofsanlage werden auch die Strecke der Lehrter Bahn und die S-Bahn aus Richtung Westkreuz eingeführt. Am 31.1.1999 ist 476 031 als S 5 aus Strausberg Nord in Spandau eingefahren.

Lehrter Bahn nicht, die Züge von und nach Hannover fuhren weiterhin über Magdeburg.

Ende 1989 hatte das Fernreise-Streckensystem in West-Berlin eine übersichtliche Struktur: Griebnitzsee–Wannsee–Charlottenburg–Zoo (–Stadtbahn) sowie Staaken–Spandau–Charlottenburg, das war's dann auch schon. Mit dem Fall der Mauer stand hinsichtlich der Einbindung der sich wieder vereinenden Stadt Berlin in den Eisenbahn-Fernverkehr neben der allgemeinen Ertüchtigung der Magistralen (zur Lehrter Bahn vgl. den Abschnitt 2.1.2) ein spezieller Lückenschluss im Vordergrund: derjenige zwischen Spandau und Falkensee, also der Wiederaufbau der Hamburger Bahn. Er brauchte eine kleine Ewigkeit, jedenfalls kam es uns Beobachtern damals so vor.

Die Lehrter Bahn dagegen konnte, da die Gleise noch durchgehend lagen, recht schnell wieder in den Berlin-Verkehr eingebunden werden, allerdings, da ja seit den Demontagen nur noch ein Streckengleis existierte, mehr oder weniger provisorisch. Seit dem 2. Juni 1991 fuhren hier erste D-Züge Berlin–Amsterdam/Schiphol, Vorläufer der heutigen IR auf der Hochgeschwindigkeitsstrecke.

Währenddessen ging es bei der nach 1961 im Grenzbereich DDR/West-Berlin radikal demontierten Nachbarin langsamer voran. Rund sieben Jahre dauerte es, dann erst war die Hamburger Bahn wieder fit für die Zukunft: grunderneuert und zweigleisig ausgebaut, großenteils höher gelegt und vieler niveaugleicher Bahnübergänge entledigt[3], zudem elektrifiziert. Seit dem 1. Juni 1997 fahren die Fernzüge – IC und ein erstes ICE-Paar – die rund 270 km zwischen Berlin und Hamburg durchgehend unter Fahrdraht, nachdem zunächst noch mit Dieselloks vorlieb genommen werden musste.

Diese Route über den neuen Bahnhof Spandau und, wenn auch zunächst noch auf Nachbargleisen, über die historische Trasse nehmen die Züge – IC und erste Regionalbahnen – aber schon länger, nämlich seit dem 28. Mai 1995. Dabei mussten sich die von zwei Loks der Baureihe 218 bzw. 210 bespannten IC und die VT 628 des Regionalverkehrs aber oft im Schritttempo ihren Weg durch Baustellen und Weichengewirr suchen. Inzwischen stehen die Aussichten für die neue alte Hamburger Bahn günstiger denn je. Das Projekt Transrapid Berlin–Hamburg hat sich erledigt, die konventionelle Eisenbahn soll für Geschwindigkeiten bis 230 km/h ausgerüstet werden. Damit wäre sie die schnellste Alt-Strecke der Deutschen Bahn.

3.3 Das Pilzkonzept

Neben der Reaktivierung bzw. dem Neubau der Fernbahn via Stendal nach Hannover ist die Rekonstruktion der Hamburger Bahn mitsamt der anschließenden Strecke Spandau–Charlottenburg sowie der Stadtbahn zweifellos der herausragende Abschnitt des bislang vollendeten Fernbahn-Ausbauprogramms. Weit beeindruckender ist jedoch das, was noch bevorsteht, die Umsetzung des so genannten Pilzkonzeptes.

Dabei geht es grob vereinfacht um Folgendes: Die aus Norden kommenden Routen werden im Bereich des Nordrings zwischen dem Nordkreuz und Westhafen in großzügiger Weise auf neue Trassen und neue Brückenbauwerke gelegt, neu gebündelt und verknüpft, um dann in etwa auf den alten Wegen – aber zum Teil auf gigantischen neuen Brückenbauwerken *(Flyover)* – von Lehrter und Hamburger Bahn Richtung Süden zu führen. In Sichtweite des Reichstags unterqueren diese Gleise wie schon früher die Lehrter Ferngleise die Stadtbahn. Am Kreuzungspunkt, also nahe der heutigen S-Bahn-Station Lehrter Stadtbahnhof, entsteht der neue zentrale Fernbahnhof. Während aber damals die Gleise im Lehrter Bahnhof endeten, werden sie nun in gigantischen Tunnelbauten (»Tiergartentunnel«) weiter nach Süden geführt, tauchen vor dem Bahnhof Papestraße am Südring wieder auf, kreuzen hier den Ring, um sich dann in Richtung Jüterbog (Halle/Leipzig) bzw. Blankenfelde (Dresden) zu verzweigen.

Neben der Zentralbahnhofs- und Nord-Süd-Tunnel-Baustelle wird vor allem der Bereich Nordkreuz–Gesundbrunnen mit seinen Anschlüssen (auch in/aus Richtung Rostock und Stralsund) von Grund auf umgestaltet. Mit dem Nord-Süd-Tunnel wird es möglich sein, Fernzüge beispielsweise aus Hamburg ab Spandau in den unteren Teil des neuen Zentralbahnhofes zu führen und von dort direkt weiter in Richtung Dresden oder Leipzig/München, was gegenüber dem heutigen Weg – von Spandau nach Charlottenburg und dann über die Stadtbahn und den Außenring – natürlich wesentliche Zeitvorteile bringt.

Somit erklärt sich auch der Name Pilzkonzept: der Pilzhut sind die Nordring-Gleise, die Krempe die Stadtbahn, der Stiel die neue Nord-Süd-Achse.

3 Das war schon vor dem Zweiten Weltkrieg begonnen, aber im Laufe des Krieges eingestellt worden.

Nach den ursprünglichen Planungen sollte der neue Lehrter Bahnhof, der designierte Hauptbahnhof Berlins, 2000/2001 bereits in Betrieb gehen, desgleichen die Nord-Süd-Achse mit ihren zwei Fern- und zwei Regionalgleisen, bei der übrigens für jedes Gleis wegen des problematischen Terrains – Grundwasser! – eine eigene Tunnelröhre entsteht. Nun, die Dinge gestalteten sich weit schwieriger und teurer als erwartet, und alle Beteiligten werden wohl froh sein, wenn 2004 von Süden und 2006 vom Nordkreuz her die ersten Züge in den neuen Bahnhof fahren.

All dies wird eine zweistellige Milliardensumme verschlungen haben, wenn es dereinst Realität geworden ist. Eine ebensolche Summe kommt für die Wiederherstellung bzw. den Ausbau des S-Bahn-Systems hinzu. Schon vor etwa zehn Jahren war die Rede davon, dass die Wiederherstellung und der Ausbau des Berliner Eisenbahnsystems rund 20 Milliarden Mark kosten werde, und wenn um 2010 alles einmal erledigt sein sollte, wird es wohl gut und gerne die doppelte Summe geworden sein.

3.4 Das S-Bahn-System

Damit sind wir beim Thema S-Bahn angekommen. Auch hier geht der Blick noch einmal zurück: Bereits Ende Juni 1945 war der im April desselben Jahres zusammengebrochene S-Bahn Verkehr wieder aufgenommen worden, und in den folgenden Jahren erfuhr das S-Bahnsystem sogar einen merklichen Ausbau – allerdings nur im Osten der Stadt bzw. im Umland Berlins, also in der DDR. Ein paar Beispiele: Nachdem schon in den Fünfzigerjahren mehrere vorhandene Strecken für den S-

Ahrensfelde an der Wriezener Bahn ist der Endpunkt der von der (D)DR erbauten S-Bahn-Neubaustrecke aus Friedrichsfelde. Am 3.3.1998 treffen sich hier 477 606 mit Vollwerbung für den Euro und der nagelneue 481 025. Die Bahnsteige und das Umfeld sind schlicht aber funktional.

Der Bahnhofsname Griebnitzsee weckte früher durchaus gemischte Gefühle, wurden doch hier – hermetisch von der Außenwelt abgeschirmt – die Grenzkontrollen der Fernzüge von und nach West-Berlin durchgeführt. Heute fahren hier bunt lackierte S-Bahnen durchgehend von Ost- über West-Berlin nach Potsdam. Am 23.5.1995 wirbt 477 045 für den Radiosender 100,6.

Bahn-Betrieb elektrifiziert worden waren, schloss man 1962 den Flughafen Berlin-Schönefeld durch eine Neubaustrecke an; am 30. Dezember 1982 folgte die Linie von Lichtenberg nach Ahrensfelde (S7) und am 20. Dezember 1985 die von dieser abzweigende S-Bahn nach Wartenberg (S 75). Die beiden neuen Linien erschließen die riesigen Neubaugebiete Marzahn und Hohenschönhausen, wobei sie sich größtenteils an vorhandene Trassen anlehnen, nämlich den Außenring und bei der S7 zusätzlich die Wriezener Bahn.

Das im Westen der Stadt aus nahe liegenden Gründen vom Eigentümer vernachlässigte Verkehrsmittel – die ganze S-Bahn gehörte zur Reichsbahn und die zur DDR – führte hier nur ein Schattendasein, die West-Berliner kümmerten sich lieber um den Ausbau ihrer U-Bahn. Noch drastischer wurde die Situation nach dem Mauerbau 1961. Fast alle S-Bahn-Strecken zwischen West- und Ost-Berlin sowie West-Berlin und dem Umland wurden gekappt. Eine Ausnahme bildete die fast gänzlich im Westen liegenden Nord-Süd-S-Bahn, die aber bekanntlich in Streckenmitte unterirdisch und mit Halt allein im Bahnhof Friedrichstraße durch den Osten führte.

Als »Instrument des Kommunismus« sank die S-Bahn noch weiter in der Gunst der West-Berliner. Bald sah die DDR ein, dass es wenig Sinn machte, weiterhin mit einem heruntergekommenen Verkehrsmittel auf Devisenfang zu gehen, zumal ihre Bediensteten im Westen ja auch in »Valuta« – D-Mark West – bezahlt werden mussten. 1984 übergab man endlich die Betriebsführung der S-Bahn im Westen an die Berliner Verkehrsbetriebe (BVG), die auch die Busse und U-Bahnen betreibt. Bis 1985 konnte das System im Westen halbwegs stabilisiert werden, umfasste aber nur noch folgende Strecken:

- Friedrichstraße (Grenzübergang!)–Zoo–Charlottenburg–Wannsee (Ost-West-Strecke/Stadtbahn),
- Frohnau–(Friedrichstraße)–Anhalter Bahnhof–Lichtenrade (Nord-Süd-S-Bahn) und
- Anhalter Bahnhof–Wannsee.

Nach dem Fall der Mauer nahm die Gesamt-Berliner S-Bahn wieder Fahrt auf, wobei zunächst die Reaktivierung vorhandener Routen im Vordergrund stand. Am 2. Juli 1990 fuhr erstmals wieder ein Zug aus West-Berlin über Friedrichstraße hinaus in den Ostteil der Stadt[4], die jahrzehntelang gesperrten S-Bahnhöfe der Nord-Süd-Bahn unter dem Stadtzentrum wurden wieder geöffnet, ja die gesamte Nord-Süd-Bahn wurde nun saniert. Zugleich machte man sich daran, die gekappten Ver-

4 Entsprechendes gilt für die Gegenrichtung; bis dahin war Friedrichstraße für Züge aus beiden Richtungen Grenz-Endstation.

Die Gartenstadt Frohnau war am 3.7.1989 – wenige Monate vor der Wende – noch der Endpunkt für den alten »Stadtbahner« 275 059 der BVG. Als 475 007 kam er noch zur DB AG und sicher auch auf die 1992 wiedereröffnete Strecke nach Oranienburg.

Ebenfalls seit 1992 wurde die S-Bahn über die ehemalige Mauer und Stacheldraht hinweg von Lichtenrade nach Blankenfelde verlängert und ersetzte damit auch den Pendelzug Mahlow–Blankenfelde. Auf den Ferngleisen der Dresdner Bahn, auf denen 112 024 am 20.4.1998 stadtauswärts unterwegs ist, besteht dagegen die Lücke im Gleisnetz bis heute.

Noch bevor die Ringbahn zwischen Treptower Park und Neukölln wieder hergestellt wurde, baute man die Verbindung Baumschulenweg–Neukölln über den ehemaligen »Todesstreifen« wieder auf. Auf einer neu errichteten Rampe fädelt sich 485 147 am 5.9.1996 in die noch brachliegende Trasse der Ringbahn ein, die erst Ende 1997 wieder fertig gestellt war.

Außer einem neuen Bahnsteigbelag und futuristischen Lampen hat sich in Tempelhof seit Jahrzehnten nicht viel getan. Auch Triebwagen 477 106 – hier am 5.9.1996 – war vielleicht schon mitten im Zweiten Weltkrieg auf der Ringbahn unter diesem Stellwerk im Einsatz.

bindung zwischen West-Berlin und dem Umland wieder neu zu verknüpfen.

Am 1. April 1992 schloss sich die Lücke zwischen Wannsee und Potsdam wieder (S7), seit dem Lückenschluss zwischen Frohnau und Hohen Neuendorf am 31. Mai 1992 kann man im Norden der Stadt auf der Nord-Süd-Bahn wieder hinaus Richtung Oranienburg fahren (S1). Im Süden der Nord-Süd-Bahn wurde am 31. August 1992 die Lücke Lichtenrade–Mahlow–Blankenfelde geschlossen (S2), am 17. Dezember 1993 ging der Südring zwischen Baumschulenweg und Westkreuz über Neukölln, Schöneberg und Westkreuz wieder in Betrieb (S45, S46), wobei seit dem 18. Dezember 1997 auch die Verbindung Treptower Park–Neukölln (Ostkreuz–Südring) wieder zur Verfügung steht (S4).

Bleiben wir im Süden der Hauptstadt. Am 28. Mai 1995 wurde als Zweig der Nord-Süd-Bahn die Verbindung Priesterweg–Lichterfelde Ost wieder eröffnet, am 25. September 1998 folgte Lichterfelde Ost–Lichterfelde Süd (S25); die Strecke soll später sogar bis Teltow Stadt führen. Im Norden wurde als Zweig der Nord-Süd-Bahn am 28. Mai 1995 Schönholz–Tegel wieder in Betrieb genommen, am 15. Dezember 1998 folgte die Verlängerung Tegel–Hennigsdorf (S22).

Über Westkreuz hinaus fuhr am 16. Januar 1998 der erste planmäßige Zug wieder nach Pichelsberg, von dort wurde am 30. Dezember 1998 auch das weitere Stück bis zum neuen Bahnhof Spandau eröffnet (S5); in einigen Jahren könnte es über Spandau hinaus sogar bis Falkensee gehen.

Bliebe noch die Wiederherstellung des Vollrings. Seit dem 15. April 1997 kann man auf der S4 über Westend hinaus bis Jungfernheide fahren, seit dem 19. Dezember 1999 sogar bis Westhafen. Seitdem klaffte im Vollring nur

Auch der 1928 gebaute Turmbahnhof Westkreuz war in seiner oberen Etage von der Stilllegung der Ringbahn betroffen. Dort wo 485 019 am 23.5.1995 als S 45 einfährt, standen hohes Gras und kleine Birken und Büsche. Außerhalb der Halle hat man provisorisch am Gütergleis einen Bahnsteig für die Züge nach Nauen (–Wittenberge) aufgebaut, die zuvor ebenfalls provisorisch in Jungfernheide endeten.

noch die Lücke Westhafen–Gesundbrunnen–Schönhauser Allee. Der Abschnitt Gesundbrunnen–Schönhauser Allee (S4) wurde am 17. September 2001 als der letzte Ost-West-Lückenschluss innerhalb der Stadt in Betrieb genommen, zugleich wurde mit dem Abbau der Gleise zwischen Bornholmer Straße und Schönhauser Allee begonnen. Im Jahr 2003 sollen sie in neuer Form wieder zur Verfügung stehen, womit das Nordkreuz für den S-Bahn-Verkehr seinen Endzustand erreicht.

Der Schluss der restlichen Lücke im Ring zwischen Gesundbrunnen und Westhafen wurde auf Sommer 2002 terminiert, damit ist es wieder möglich, wie dereinst in der Vorkriegszeit, S-Bahn-Züge im Kreis um Berlins City herum fahren zu lassen. Ob die S-Bahn Berlin GmbH, eine Tochter der DB AG und seit 1995 Herrin der rot-beigen Züge, dies auf Dauer tut, ist allerdings fraglich, denn für den alltäglichen Betrieb dürfte es andere, sinnvollere Angebote geben.

Fraglich ist derzeit auch, welche Strecken sonst noch gänzlich neu gebaut oder reaktiviert werden sollen. Gegenüber der Vorkriegszeit fehlen beispielsweise die Strecken Jungfernheide–Siemensstadt oder Wannsee–Stahnsdorf. Dennoch: Die Wiederherstellung des West-Berliner S-Bahnsystems und seine umfassende Modernisierung auch im Ostteil der Stadt bzw. im Umland dürfen sicherlich schon jetzt als einer der herausragenden Prozesse der jüngeren deutschen Eisenbahngeschichte bewertet werden.

Die südliche und westliche Ringbahn ist auf weiten Strecken von Autobahnen eingekeilt. Am 21.9.2000 ist deshalb vom eingefahrenen Triebzug der Baureihe 485 kaum etwas zu hören, da der Straßenlärm alles andere übertönt. Neben den Gütergleisen der Ringbahn (links) besaß Witzleben früher auch noch einen zweiten Bahnsteig für die Züge zur Stadtbahn nach Charlottenburg (rechts).

Erst wenige Monate ist am 30.1.1999 der Bahnhof Lichterfelde Süd wieder in Betrieb. 480 529 wendet hier für die Rückfahrt nach Hennigsdorf, das häufig und sogar auf den Plakaten für die Wiedereröffnung der Strecke als »Hennigsdorf« bezeichnet wurde. Die frühere Weiterführung der S-Bahn von Lichterfelde Süd nach Teltow ersetzt eine andere Strecke.

Während das Teilstück Hennigsdorf–Heiligensee dem Mauerbau zum Opfer fiel, gönnte sich West-Berlin auf dem Teilstück Heiligensee–Schönholz teilweise eine Autobahn, die bei der Wiedereröffnung umgangen werden musste. In Tegel kündet am 8.2.1997 das altpreußische Stellwerk noch von Tagen, als Autos der neueste Schrei waren. Ganz aus unserer Zeit stammt 480 559, das West-Konkurrenzprodukt zur Ost-Baureihe 270 (heute 485).

Pichelsberg liegt zwischen dem Abzweig von der Lehrter und Hamburger Bahn und dem Olympiastadion. Am 2.9.1998 ist hier 476 018 unterwegs, der 1928 bei Waggonbau Bautzen als 2537 gebaut wurde und seither die Nummern 3459, ET 165 381, 275 185, 276 211, 276 545 und schließlich 476 018 trug.

Bevor die S-Bahn zwischen Spandau und Westkreuz ihren Betrieb wieder aufnahm, diente ihre Trasse kurzzeitig dem Fernverkehr, dessen Strecke zu dieser Zeit grundlegend saniert wurde. Bei Heerstraße ziehen 218 461 und 218 429 am 2.7.1994 den aus ungarischen Wagen bestehenden Eurocity 175 durch die Baustelle. Heute liegen auf der Trasse wieder zwei Gleise mit Stromschienen.

Aus dem Dunkel der Geschichte steigt hier in Gesundbrunnen am 6.10.2001 der 485 119 hervor: Seit 20 Tagen fährt durch diesen Tunnel wieder eine S-Bahn zwischen Ost und West. Über vierzig Jahre war hier der Vollring um Berlin zerbrochen, und über vierzig Jahre fuhren hier S-Bahnen in Sichtweite parallel zueinander, und doch waren sie für die meisten Menschen in ihnen jeweils unerreichbar.

4. Reaktivierte Strecken

4.1 Schleswig-Holstein und Niedersachsen

4.1.1 A3 Niebüll–Tondern

Eine Zeit lang sah es so aus, als ob sich Geschichte doch wiederholt: Bereits Am 30. September 1978 hatte die Deutsche Bundebahn auf der Strecke Niebüll–Tondern den Verkehr eingestellt. Die Nachfrage war zu gering, was natürlich angesichts des Zugangebots, das sich schon seit Jahren neben den parallelen Busverbindungen recht spärlich ausnahm, auch nicht verwunderte. Die grenzüberschreitende Strecke – auf dänischer Seite war außer Tondern kein Bahnhof bedient worden, auf deutscher als hiesige Grenzstation Süderlugum und zudem noch Uphusum – blieb danach jedoch bestehen, erfuhr 1997 im Güterverkehr bzw. im Sommer 2000 im Personenverkehr ihre Wiederbelebung. Doch schnell galt sie wieder als Abschiedskandidat, weil anfänglich das Interesse eher verhalten war.

Aber diesmal zogen die Verantwortlichen nicht erneut die Notbremse, sondern bewegten sich in die andere

An den Prototypen der DB-Baureihe 628 fand die DSB mehr Gefallen als die DB und rationalisierte mit ihnen die Nebenbahnen Dänemarks. Davon profitierte am 19.9.2000 auch die alte Marschbahn Niebüll–Tondern, als bei Niebüll der Triebwagen 4230 dem Fotografen begegnete. Sein schmuckes Äußeres und Inneres erhielt er während einer Renovierung bei der PFA in Weiden.

Inzwischen hat auch Süderlugum wieder einen neuen Haltepunkt erhalten. Im Juli 2001 haben dort einige Radler den 1984 bei Scandia gebauten Triebwagen 4273 (MRD) verlassen, der zusammen mit 4073 (MR) eine zweimotorige Einheit bildet. Bei der DB wurden vier Triebzüge dieser Bauart auf einmotorigen Betrieb (628.0/928.0) umgebaut.

Richtung: Angesichts der mittlerweile recht erfreulichen Fahrgastzahlen bewilligte Dänemark Anfang 2001 Finanzmittel zur Modernisierung seines Teilstücks, von Schleswig-Holstein wird nun ebenfalls ein entsprechendes Engagement erwartet, obendrein soll für den Sommer das Reisezugangebot mit sechs Saison-Zugpaaren bis zum Monat September zunächst beibehalten werden. Hoffentlich ist die Nachfrage auch rege, denn schon steht in Aussicht, dass der bislang allein auf den Sommer beschränkte Zugverkehr bald auch wieder ganzjährig angeboten werden könnte. Dabei dürfte die Initiative von Dänemark ausgehen, denn 2003 soll dort der Verkehr auf der Strecke Esbjerg–Tondern ausgeschrieben werden, und in der Ausschreibung soll als Option eine Durchbindung über Tondern hinaus bis Niebüll vorgesehen werden. Voraussetzung aber ist letztlich, dass die Saisonfahrten auch weiterhin auf Interesse stoßen.

Man wird bei all dem wohl davon ausgehen dürfen, dass die Investitionen der letzten Jahre nicht allein mit Blick auf den Reisezugverkehr getätigt worden sind. Niebüll–Tondern ist neben Flensburg–Padborg der einzige Festland-Schienenweg zwischen Deutschland und Dänemark, hier lockt im Zeitalter der aufblühenden privaten bzw. regionalen Bahngesellschaften die Aussicht auf einen womöglich wirtschaftlich interessanten Güterverkehr in Konkurrenz zur Deutschen Bahn AG. Denn die Strecke nach Tondern, auf der bis zur Eröffnung des Hindenburgdamms 1927 die Badereisenden bis zur Station Hoyer zur dortigen Einschiffung gen Sylt fuhren, gehört von Niebüll bis zur Grenze inzwischen der Nordfriesische Verkehrsbetriebe AG (NVAG). Mal sehen, was die Privatbahn aus dem tatsächlichen oder erhofften Cargo-Potenzial machen wird; erste Güterzüge jedenfalls fuhren hier schon 1997 wieder über die Grenze.

Der Personenverkehr ließ etwas länger auf sich warten. Eigentlich sollte er schon am 30. Mai 1999 wieder aufgenommen werden, die Sache verzögerte sich jedoch, weil die NVAG nur über wenige Fahrzeuge verfügt, die zudem auf der Stammstrecke nach Dagebüll Mole gebraucht werden. Am 2. Juli 2000 war es dann soweit, im Auftrag der NVAG und ohne Betriebskostenzuschüsse seitens des Landes Schleswig-Holstein übernahmen

DSB-Triebwagen den Reiseverkehr mit anfänglich nicht allzu vielen Reisenden. Aber schließlich kamen im Sommer 2000 in den nur drei Monaten doch 23 000 Passagiere zusammen, somit zeigte sich durchaus eine Perspektive.

Inzwischen sieht es so aus: Dänemark hat in Jütland den Regionalverkehr ausgeschrieben, ab Ende 2003 soll hier ein neues Bedienungskonzept umgesetzt werden. Auch die Strecke nach Niebüll ist darin enthalten, und zwar optimal mit ganzjähriger Bedienung. Auch DB Regio hat sich um die Bedienung der Netze beworben, den Zuschlag erhielt jedoch der britische Anbieter Arriva.

4.1.2 KBS 122 Buxtehude–Hesedorf

Privat, kommunal, regional – wie auch immer man die Nichtbundeseigenen Bahnen (NE-Bahnen) charakterisiert, von hoffnungsvollen Eisenbahnverkehrsunternehmen (EVU) solcher Art war im vorigen Kapitel über die Strecke A 3 (Niebüll–Tondern) bereits die Rede. Von derartigen Betrieben gibt es seit Mitte der Neunzigerjahre, als die Regionalisierung des Regionalverkehrs begann und große Summen zur Verteilung an fähige Bahnbetreiber in Aussicht gestellt wurden, eine ganze Menge.

Zu den älteren, arrivierten Unternehmen gehören die Eisenbahnen und Verkehrsbetriebe Elbe-Weser GmbH (EVB) mit Sitz in Bremervörde. Die EVB entstanden 1981 aus dem Zusammenschluss von Bremervörde-Osterholzer Eisenbahn (BOE) und der Wilstedt-Zeven-Tostedter Eisenbahn (WZTE). Eines der Ziele des neuen Unternehmens war es, auf nur noch unzureichend genutzten Nebenstrecken im »Nassen Dreieck« zwischen Hamburg, Bremen und Cuxhaven dem Eisenbahnverkehr neues Leben einzuhauchen. Lange Zeit bemühte sich die EVB um die Übernahme von DB-Strecken in dieser Region. Im Jahr 1991 war es schließlich soweit: Zum

In Harsefeld pausiert am 18.8.1999 EVB-Triebwagen VT 153 vor dem ehemaligen DB-Empfangsgebäude. Auf seinen Fahrzeugschlüsseln ist noch seine ursprüngliche Bestimmung als DB-628 408 eingeprägt. Ab Harsefeld benutzt der Zug nun bis Buxtehude die Gleise der ehemaligen Buxtehude-Harsefelder Eisenbahn.

Zu den reizvollsten Abschnitten des Moorexpress von Bremervörde nach Osterholz-Scharmbeck zählt die Hamme-Niederung. Am 17.8.1996 knattert EVB-VT 168 als Sonderzug über den Fluss. Seine besten Tage verlebte er als VT 98 9826 bei der DB.

symbolischen Preis von einer Mark übernahm die niedersächsische Privatbahn die DB-Strecken Stade–Bremerhaven, Hesedorf–Harsefeld–Hollenstedt (–Buchholz), Bremervörde–Zeven–Rotenburg sowie Rotenburg–Brockel, von denen nur noch die Relation zwischen Stade und Bremerhaven Reisezugverkehr besaß.

1993 schlossen sich die EVB zudem mit der Buxtehude-Harsefelder Eisenbahn (BHE) zusammen. Der BHE kommt in diesem Zusammenhang besondere Bedeutung zu, denn über ihre Gleise sowie über die Strecke Hesedorf–Harsefeld–Hollenstedt, ein Teilstück der ehemaligen DB-Verbindung Bremervörde–Buchholz, knüpften die EVB eine neue Verbindung des Raums Bremervörde an die Hauptbahn Cuxhaven–Hamburg. Der letzte Reisezug zwischen Bremervörde und Buchholz war am 25. Mai 1968 gerollt, zwischen Buxtehude Süd und Harsefeld Süd am 31. Mai 1968.

Den alten Weg von Bremervörde über Stade, der keine wettbewerbsfähigen Fahrzeiten in den Ballungsraum Hamburg erlaubte, gab man dafür auf, am 25. September 1993 fuhren hier die letzten planmäßigen Personenzüge[1]. Ziel der EVB war es von vornherein, von Bremerhaven über Bremervörde und Harsefeld nach Buxtehude und von dort über die DB-Hauptbahn nach Hamburg-Neugraben zu fahren, denn in Neugraben endet die Hamburger S-Bahn[2]. Eigens für diesen Zweck baute die EVB in Harsefeld eine scharfe Verbindungskurve zwi-

1 Vgl. Wolfgang Fiegenbaum/Wolfgang Klee, Abschied von der Schiene, Stillgelegte Bahnstrecken 1991–1995, 2. Auflage, Stuttgart 1999, S. 17 – 19.

2 Bislang endet die Gleichstrom-S-Bahn jedenfalls hier. Ab 2005/6 sollen dann Zweisystem-Züge über Neugraben hinaus bis Buxtehude und Stade fahren; vgl. Abschnitt 2.2.1 in diesem Buch.

schen BHE- und ehemaliger DB-Strecke; im Bahnhof Buxtehude verbindet eine zusätzliche Weiche Haupt- und Nebenbahn.

Am 26. September 1993 hatte die EVB ihr Ziel erreicht: Seitdem fährt man in knapp eineinhalb Stunden im Stundentakt per Bahn von Bremervörde zum Hamburger Hauptbahnhof, angesichts des Dauerstaus auf den Straßen rund um die Metropole ist das allemal ein ordentlicher Wert – und besser als alles, was hier zuvor an Schienennahverkehr angeboten worden war.

Eine weitere Strecke des EVB-Netzes fand im Jahr 2000 wieder Einzug ins Kursbuch (Strecke 12125). Gemeint ist die fast 48 km lange Verbindung Bremervörde–Osterholz-Scharmbeck, auf der man 1978 den Personenverkehr eingestellt hatte. Seit dem 17. Juni 2000 verkehrt der »Moorexpress« wieder, allerdings nur als Touristik-Zug mit wenigen Verbindungen an ausgesuchten Tagen und inzwischen sogar bis Stade verlängert.

4.1.3 KBS 137 Kaltenkirchen Süd–Ulzburg Süd KBS 138 Ulzburg Süd–Norderstedt Mitte KBS 139 Barmstedt–Ulzburg

Die heute zur AKN Eisenbahn AG gehörende Alsternordbahn konnte, auch wenn ihr Eröffnungsjahr 1953 deutlich den hier festgelegten Zeitrahmen überspringt, durchaus guten Gewissens in dieses Buch aufgenommen werden. Nicht nur deshalb, weil ihre Strecke von Ulzburg Süd nach Norderstedt, die ursprünglich bis zum damaligen U-Bahn-Endpunkt Hamburg-Ochsenzoll führte, als die erste Personenverkehrs-Neubaustrecke der Bundesrepublik gilt. Inzwischen ist die Alsternordbahn im Süden immer kürzer geworden, im Gegenzug schob

Umzingelt von U-Bahnen des Typs DT 4 vermittelt am 22.5.1998 VT 2.67 in Norderstedt Mitte den Anschluss in die Hamburger Innenstadt. Zurzeit erhalten diese Dieseltriebwagen Stromabnehmer, um das Umsteigen der Reisenden zumindest an der S-Bahn in Hamburg-Eidelstedt vermeiden zu können. Ungewohnt wirken die Y-Schwellen im Gleis.

Herzstück der neuen Strecke Kaltenkirchen Süd–Ulzburg Süd ist der tief liegende Bahnhof Henstedt-Ulzburg. Der eingefahrene Zug fährt am 1.9.2001 nicht wie ausgeschildert nach Neumünster, sondern über die im Hintergrund nach links abzweigende Weiche nach Elmshorn. Dieselelektrische Triebwagen wie den abgebildeten VT 32 lieferte die heute zum Alstom-Konzern gehörende Firma LHB in Salzgitter nicht nur an die AKN, sondern auch in den Taunus und ins ferne österreichische Graz.

sich die Hamburger Hochbahn Schritt für Schritt weiter nach Norden hinaus. Heute treffen beide im modernen Bahnhof Norderstedt Mitte aufeinander, wo die Fahrgäste niveaugleich am Bahnsteig umsteigen können. Von Norderstedt hinaus nach Norden fährt die AKN ihre Züge auf einer leistungsfähigen Trasse, die kaum noch Ähnlichkeiten mit der ursprünglichen Strecke hat.

Auch die eigentliche Stammbahn der AKN zwischen Kaltenkirchen und Hamburg-Eidelstedt (KBS 137) ist auf weiten Abschnitten nicht mehr wiederzuerkennen. In Ortskern von Ulzburg hat man die alte eingleisige Strecke aufgelassen und die neue Trasse in einen Trog und dann in einen Tunnel verlegt, mit den ewigen »Trassenkonflikten« zwischen Eisenbahn und Straßenverkehr ist nun Schluss. Zudem ist der gesamte Abschnitt Ulzburg Süd–Kaltenkirchen heute zweigleisig und wird damit endlich den kräftig gestiegenen Anforderungen gerecht.

Die aufwändige Neutrassierung wurde in zwei Schritten abgeschlossen: zwischen Kaltenkirchen Süd und dem Bahnübergang Gutenbergstraße in Ulzburg ging das Gleis in Richtung Hamburg am 17. April 2000 in Betrieb, das Gegengleis am 29. Mai 2000; von Gutenbergstraße bis Ulzburg Süd, wo die Alsternordbahn abzweigt, wurde die neue Strecke am 28. August 2000 eröffnet. Insgesamt 160 Millionen Mark sind hier zwischen Ulzburg Süd und Kaltenkirchen Süd verbaut worden, der AKN-Trog-Tunnel galt zeitweilig als größte Baustelle Schleswig-Holsteins.

Was bislang zum Thema AKN geschildert wurde fällt unter die Rubrik Neutrassierungen. Aber das norddeut-

Ein Blick zurück ganz ohne Zorn: Am 6.5.1993 dient das Streckmetall nur noch zum Einsperren der Hühner am Bahnhof Bergen und nicht der Bürger des Landes. Heute rauschen hier wieder mit 120 km/h die Züge durch den Bahnhof und erschrecken die Anwohner.

langen Verbindung zwischen Stendal und Uelzen, bei dem praktisch keine Schwelle, kein Schotterstein und keine Bahnsteigkante an alter Stelle blieb, spendierte die Bundesregierung immerhin 921 Mio. Mark – bald rechnen und auch das zweite Gleis seinen Platz finden wird. Dies wird aber wohl nur dann der Fall sein, wenn auch die westliche Verlängerung Uelzen–Soltau–Bremen endlich wieder auf zeitgemäßes Niveau gehievt und mit schnellen Ost-West-Zügen bedient wird. Dann wäre die »Amerika-Linie« fast wieder die Alte.

Ganz die Alte wäre sie damit noch nicht. Denn den Namen »Amerika-Linie« erhielt die Strecke, weil hier einst die Auswanderer-Züge nach Bremerhaven fuhren. Aber dieses traurige Kapitel der deutschen Geschichte dürfte wohl abgeschlossen sein, jedenfalls in einer Züge füllenden Größenordnung. Natürlich fuhren hier auch andere Züge, bis zu neun, zehn Fernreise- und zahlreiche Güterzüge. Auch war die Strecke im (kurzen) Sommerfahrplan 1939 ins legendäre Schnelltriebwagennetz der Reichsbahn eingebunden, hier fuhr der FDt 584 Dresden–Hamburg-Altona, nur in dieser Richtung übrigens und natürlich ohne Halt.

Apropos Hamburg. Nach wie vor führt der kürzeste Schienenweg zwischen Deutschlands zweitgrößter Stadt und der Hauptstadt über Uelzen, Salzwedel und Stendal. So hat die jetzige Kursbuchstrecke 304 denn in den letzten Jahren auch in erster Linie als Alternativ-Route für einen Hochgeschwindigkeitsverkehr Berlin–Hamburg für Schlagzeilen gesorgt. Abgesehen von einzelnen Zügen wie dem eingangs erwähnten EC Hamburg–Berlin–Krakau dürfte daraus jedoch nicht allzu viel werden, denn so sehr die Linie Stendal–Uelzen selbst auch geeignet wäre, das Problem beginnt in Uelzen, weil von dort bis Hamburg, zumindest aber bis Maschen die vorhandene Magistrale vollends ausgelastet ist. Außerdem baut die Deutsche Bahn die alte Berlin-Hamburger Route über Wittenberge für Geschwindigkeiten bis zu 230 km/h aus, die Trassen-Wahl zwischen Hanse- und Hauptstadt dürfte damit für die schnellen Züge entschieden sein.

Schließlich sind noch ein paar Worte zu den Anfängen zu verlieren. Die Gesamtstrecke Salzwedel–Uelzen–Langwedel (bei Bremen) wurde am 15. April 1873 von der Magdeburg-Halberstädter Eisenbahn (MHE) eröffnet, Stendal–Salzwedel ist bereits seit dem 15. März 1870 in

Betrieb. Mit der MHE ging die wichtige Route in den Preußischen Staatseisenbahn auf und spielte auch hier wie gesehen eine bemerkenswerte Rolle. Das Schicksal der Teilung traf sie mit aller Härte, mit Kriegsende endete hier jeglicher die Demarkationslinie überschreitender Verkehr, und trotz einiger Versuche von westlicher Seite, wieder Bewegung in die Sache zu bringen, blieb es beim Stillstand.

Im Westen hatte die Reichsbahndirektion Hannover schon im Herbst 1945 den Verkehr bis wenige hundert Meter vor die Grenze wieder aufgenommen, nicht zuletzt wegen der vielen Menschen, die hier zu Fuß die Demarkationslinie überquerten, und hier den provisorischen Haltepunkt Nienbergen angelegt (heute verschwunden). Den Reisezugverkehr zwischen Wieren, wo die Nebenbahn Richtung Gifhorn abzweigt, und Nienbergen stellte die DB am 26. Mai 1974 ein, den restlichen Güterverkehr erledigten die Osthannoverschen Eisenbahnen.

Auf östlicher Seite fuhr die Reichsbahn zunächst noch bis Bergen (Dumme), nahm dann aber zum 7. Oktober 1951 den Verkehr auf Salzwedel zurück und baute die beiden Streckengleise zwischen der Grenze und Salzwedel ab. Auch zwischen Salzwedel und Stendal wurde demontiert, ein Streckengleis verschwand ganz, beim anderen wurden die schweren Schienen – sie sollen für den Bau des Außenrings Richtung Berlin abgefahren worden sein – angeblich durch Gleismaterial einer ebenfalls demontierten Kleinbahn ersetzt. Wer hätte wohl damals gedacht, dass hier einmal ein EC Hamburg–Berlin–Krakau fahren würde?

4.1.5 KBS 357 Walkenried–Ellrich

Im Südharz war es, wo im Wende-Herbst 1989 der erste neue Eisenbahn-Grenzübergang zwischen der Bundesrepublik und der DDR für den öffentlichen Personenverkehr freigegeben wurde. Dass dies ausgerechnet hier geschah, weitab der Metropolen in einem eher stillen Winkel beider Staaten, hat ganz einfach damit zu tun, dass die Verbindung Ellrich (Ost)–Walkenried (West) in

1. Januar 1994: Der erste Tag der DB AG ist herangebrochen und noch immer weckt die Beschaubrücke des Bahnhofs Ellrich ungute Erinnerungen. Triebwagen der Baureihe 628 haben wir schon in Dänemark und bei der EVB kennen gelernt. Hier nun mit 628 552 die jüngste DB-Variante.

Heute fährt zwischen Walkenried und Ellrich vornehmlich der Desiro von Siemens, hier in Walkenried 642 018 als RE 2 nach Erfurt. Der schnittige Triebwagen bildet einen reizvollen Kontrast zum schlossartigen ehemaligen Bahnhofsgebäude aus Dolomitblöcken.

der Epoche der Teilung zwar offen geblieben war, jedoch nur dem Güterverkehr gedient hatte. Westdeutsche Eisenbahnfreunde wissen das natürlich, schließlich fuhren hier bis Mitte der Siebzigerjahre Bundesbahn-Dampfloks durch das Tor im Eisernen Vorhang.[3]

Natürlich hatte es auch vor 1989 nicht an Versuchen der westlichen Seite gemangelt, hier neben den Güterzügen grenzüberschreitende Reisezüge fahren zu lassen. Aber Ostberlin blockte die Sache immer wieder ab, außer je zwei Sonderzügen pro Richtung anlässlich der Leipziger Messe im Herbst 1950 und Frühjahr 1951 fand kein Personenverkehr statt. Das hatte natürlich auch damit zu tun, dass das zu erwartende Aufkommen eines kleinen (oder größeren) Grenzverkehrs tatsächlich recht gering war und die DDR den Aufwand scheute. Der westlichen Seite brannten vermutlich ebenfalls wichtigere Dinge unter den Nägeln als eine neue Öffnung im Zaun ausgerechnet in dieser Gegend. Also bestimmten links und rechts des Walkenrieder Tunnels, der zwischen den ehemaligen Grenzbahnhöfen liegt, weiterhin Güterzüge das Geschehen.

Das war eigentlich schon immer so gewesen. Die hier getrennte Strecke Nordhausen–Northeim, erbaut von den Preußischen Staatseisenbahnen auf westlicher sowie der Magdeburg-Köthen-Halle-Leipziger Eisenbahngesellschaft auf östlicher Seite[4], war nämlich Teilstück einer der einst wichtigsten deutschen Güterzug-Fernverbindung, derjenigen zwischen dem Rhein-Ruhr-Gebiet und dem mitteldeutschen Industriegebiet um Halle. Bis zum Zweiten Weltkrieg rollte hier Zug um Zug, zumeist bespannt mit schweren Güterzugloks der Baureihe 44 aus Ottbergen, Nordhausen oder anderen Betriebswerken. Die »Jumbos« blieben der Strecke bis 1976 treu. Von Güterzügen im Blockabstand war die Strecke nach 1945 natürlich weit entfernt, aber immerhin, hier fuhr noch was.

Aber es wurde weniger. In den Achtzigerjahren schrumpfte der Güterverkehrs mehr und mehr zusammen,

3 Vgl. Udo Paulitz, Dampfloks zwischen Harz und Weserbergland, Stuttgart 2002.

4 Durchgehend eröffnet wurde die Strecke am 1. August 1869; zum 1. April 1876 ging sie ganz in den Preußischen Staatseisenbahnen auf.

und wäre nicht die Grenzöffnung gekommen, hätte man die Gleise zwischen Walkenried und Ellrich wohl irgendwann bald abbauen können. Das wäre natürlich schon deshalb damals zumindest für die Bundesrepublik undenkbar gewesen, weil das die Räumung einer wichtigen Bastion im Dickicht der deutsch-deutschen Beziehungen bedeutet hätte. Doch nun lagen hier Ende 1989 noch funktionsfähige Gleise, und schon drei Tage nach der Öffnung der Mauer in Berlin überquerte am 12. November 1989 erstmals eine Reisezug die noch für geraume Zeit unübersehbare Grenze zwischen Ost und West.

Von nun an fuhren die Reisezüge hier Tag um Tag. Und noch einmal sollten Ellrich und Walkenried für Schlagzeilen sorgen, als Silvester 1989/Neujahr 1990 die erste deutsch-deutsche Dampfsonderfahrt diesen Weg nahm: Aus Düsseldorf kam der DB-»Ölbrenner« 41 360 mit dem »Eurocity Deutschland« nach Nordhausen, in Ellrich, wo unter Jubel und Böllerschüssen haargenau zum Jahreswechsel das Tor im Grenzzaun geöffnet wurde, setzte sich zudem die Reichsbahn-Lok 44 1093 vor den Zug. Am nächsten Tag begleitete der Nordhäuser Jumbo den Zug dann zurück bis Ellrich.

Heute ist alles ganz unspektakulär. Im Stundentakt fahren hier moderne Dieseltriebwagen der Baureihen 628 und 642 über die einstige Staats- und jetzige Landesgrenze. Die großen Ost-West-Ferngüterzüge gibt es nicht mehr, die fahren vornehmlich über Eichenberg; für den regionalen Cargo-Bedarf jedoch ist die Strecke hergerichtet.

4.2 Mecklenburg-Vorpommern, Brandenburg und Sachsen-Anhalt

4.2.1 KBS 198 Lauterbach–Lauterbach Mole

Von den großen Bauvorhaben wie der AKN-Trogstrecke (vgl. Abschnitt 4.1.3) kommen wir jetzt zu den kleineren. Um ein paar hundert Meter nur geht es hier, aber doch

Der 24.7.2001 ist ein wunderschöner Sommertag auf Rügen. In Lauterbach Mole ist V 51 901 der Rügenschen Kleinbahn angekommen und hat weit mehr Fahrgäste mitgebracht als der zuvor gefahrene 628 der DB. Die sechs von MaK und Gmeinder gebauten Schmalspurloks des Typs V 51/V 52 haben jede für sich eine wahre Odyssee hinter sich: Diese hier, die V 51 901, lief zuerst bei der DB in Württemberg, dann bei der Steiermärkischen Landesbahn in Österreich und nun auf Rügen.

Einige Stunden später passiert die Fuhre das alte Bahnhofsgebäude von Lauterbach. Während noch vor einigen Jahren hier einige Dampfloks zum Verschrotten abgestellt waren, darf heute 99 4802 an der Zugspitze den ehrwürdigen Bahnhof einräuchern. V 51 901 schiebt ohne Enthusiasmus ein wenig nach.

um ein paar hundert ganz besondere Meter, das Dreischienengleis vom Bahnhof Lauterbach auf Rügen zur neuen Endstelle Lauterbach Mole.

Ein Blick zurück: Am 1. Januar 1996 gab die Deutsche Bahn AG die 750-mm-Schmalspurbahn an den Kreis Rügen zurück. Ein Eigentümerwechsel, der den historischen Gegebenheiten Rechnung trug. Die Schmalspurbahnen auf Deutschlands größter Insel entstanden Ende des 19. Jahrhunderts und befanden sich rund ein halbes Jahrhundert lang in der Obhut einer Aktiengesellschaft, deren Papiere zu zwei Dritteln in öffentlichen Händen und zu einem Drittel in Händen des betriebsführenden Unternehmens Lenz & Co lagen. Im Jahr 1940 gingen sie in den Pommerschen Landesbahnen auf, ehe die Schmalspurbahnen wie fast alle anderen Privatbahnen in der DDR 1949/50 in der einen oder anderen Form an die Reichsbahn fielen. Deren Rechtsnachfolger, die DB AG, gab der Insel also ihre Bahn zurück.

Mit der Rückübereignung begann die neue Karriere der alles in allem damals doch ziemlich heruntergekommenen Kleinbahn, von der längst nur noch die Strecke Putbus–Göhren übrig geblieben war. Natürlich war den Insulanern nicht verborgen geblieben, welches Potenzial für den Tourismus der »Rasende Roland«, wie die schnaufenden Kleinbahnzüge landläufig heißen, birgt. So machte man sich denn an die grundlegende Modernisierung der Stammstrecke von Rügens großem Trumpf. Für den Betrieb der Bahn wurde ein Vertrag mit einer Tochter der Karsdorfer Eisenbahngesellschaft (KEG) geschlossen, die unter dem traditionellen Namen »Rügensche Kleinbahn« jetzt die Schmalspurzüge fährt.

Mit der Modernisierung der Strecke Putbus–Göhren wollte sich der Landkreis Rügen klugerweise nicht bescheiden. Um das Passagieraufkommen der Kleinbahn – in erster Linie Touristen, die ansonsten mit dem Thema Eisenbahn nicht viel am Hut haben – weiter zu steigern, beschloss man, die 750-mm-Strecke von Putbus nach Lauterbach zu verlängern. Zwar gab es längst eine Eisenbahn zwischen Putbus und Lauterbach, die gehörte allerdings der DB und war normalspurig. Da auch diese Strecke sanierungsbedürftig war, kamen die beiden Bahnunternehmen überein, ein neues Dreischienengleis zu legen und dieses zudem nicht im eigentlichen Bahnhof Lauterbach enden zu lassen, sondern noch ein paar hundert Meter weiter auf einer alten Gütergleistrasse in den Hafen zu führen. Am 29. Mai 1999 wurde die neue Verbindung in Betrieb genommen.

Der Hafen von Lauterbach hat längst keine Bedeutung für den Güterverkehr mehr, hier bestimmen jetzt Freizeit-Skipper das Bild. Die können nun vom Segelboot in den Dampfzug umsteigen – oder von der Motoryacht in den VT 628 der DB.

4.2.2 KBS B1 Grambow–Szczecin Gumience (Scheune)

Zwischen den Warschauer Pakt-Staaten DDR und Polen gab es in den Achtzigerjahren gut ein Dutzend grenzüberschreitender Eisenbahnstrecken. Die meisten davon gehörten zur strategischen Reserve, sprich: Sie wurden für den zivilen Eisenbahnverkehr nicht benötigt und lediglich für den Fall vorgehalten, dass in Kriegszeiten die wichtigen Haupt-Übergänge bedroht oder zerstört sein könnten. Dann gab es noch Übergänge, die immerhin

Mit Szczecin Gumience, dem früheren Scheune, haben wir den polnischen Grenzbahnhof erreicht. Deutsche und polnische Grenzer verlassen den Zug und haben bis zur Rückfahrt Muße, die Völkerverständigung zu pflegen. Umfangreiche Baumaßnahmen und Neutrassierungen behinderten am 29.7.2001 den Bahnbetrieb.

Szczecin Glowny hieß bis 1945 Stettin Hbf und besaß ein gleichnamiges großes Bahnbetriebswerk, dessen leer stehender Rundschuppen am 29.7.2001 hinter dem ausfahrenden 628 631 zu erkennen ist.

dem zivilen Güterverkehr zur Verfügung standen. Für den regulären zivilen Eisenbahn-Personenverkehr gab es zur Zeit der Wende 1989 nur die Übergänge Tantow (–Stettin), Frankfurt (Oder), Forst und Görlitz.

Einer der ersten vorhandenen Güterzug-Übergänge, die mit der Wende für den Reiseverkehr nach rund zehnjähriger Pause wieder geöffnet wurden, war derjenige zwischen Grambow und Stettin. Am 1. Juli 1991 fuhren erstmals wieder Regionalverkehrszüge von Pasewalk über die bisherige Endstation Grambow hinaus nach Stettin und zurück, die DR und die Polnischen Staatseisenbahnen PKP nutzten die Gelegenheit und veranstalteten ein großes Bahnhofsfest in Pasewalk. Dabei ließen die Polen erkennen, dass sie sich für diese Verbindung eine Fernzugverbindung Danzig–Stettin–Hamburg sehr wohl vorstellen könnten. Daraus ist nicht viel geworden, aber regionaler Personenverkehr ist immerhin geblieben, wenn es im Fahrplanjahr 2000/01 auch nur drei Zugpaare waren, die hier die Grenze überqueren. Zum Vergleich: Auf der Berlin-Stettiner Stammbahn, also über Tantow, sind es neun Zugpaare, über Küstrin deren 18.

Wer heute den Bahnhof Grambow besucht, wird ihn zunächst als x-beliebigen Landbahnhof identifizieren. Und das war er auch so bis 1945, ehe die neue Grenze zwischen Deutschland und Polen hier in die Welt gepflockt wurde. Grambow war bis dahin eine von vielen Stationen an der zweigleisigen Hauptbahn Pasewalk–Stettin, die die Berlin-Stettiner Eisenbahngesellschaft am 16. März 1863 eröffnet hatte und eine der wichtigeren Fernverbindungen Norddeutschlands mit durchgehenden Ost-West-Zügen zwischen dem Osten des Reichs und Hamburg/Lübeck wurde. Nach dem Zweiten Weltkrieg kam die neue Grenze, die gut 1,5 km östlich des Bahnhofs Grambow liegt. Die Demontagen der UdSSR raubten der Strecke das zweite Gleis, aber gleichzeitig begann Grambows Karriere als Grenzbahnhof zwischen Reichsbahn und PKP.

Die Zeit der großen Fernreisezüge war vorbei, zu tun jedoch gab es genug, wobei die Behandlung grenzüberschreitender Güterzüge im Vordergrund stand. Aber auch Personenzüge verbanden hier seit den Fünfzigerjahren Polen und die DDR, womit zumindest von 1972 bis 1981 Grambow nicht viel zu tun hatte, denn in jenen Jahren des für Polen und DDR-Bürger visafreien Reiseverkehrs wurden die Reisezüge bzw. deren Fahrgäste in Stettin Scheune kontrolliert, heute finden die Kontrollen unterwegs im Zug statt.

Mit dem Aufflammen der von der Gewerkschaft »Solidarität« getragenen Erneuerungsbewegung in Polen

Auch die »Grenze der Freundschaft« zwischen der Volksrepublik Polen und der DDR musste selbstverständlich gut bewacht werden. Am 19.5.1993 kümmerte sich zwar niemand mehr um das im Wind klappernde Blechdach des Wachturms, aber der geharkte Grenzstreifen zwischen den Staaten war nach wie vor gut gepflegt. Und das ist er auch heute noch ...

kam der grenzüberschreitende Reiseverkehr zum Erliegen. Die DDR wollte verhindern, dass sich allzu viele ihrer Staatsbürger vom Geist der Danziger Aufständischen infizieren ließen, Reisen nach Polen waren fortan nur noch aus dienstlichen Gründen möglich oder wenn Einladungen vorlagen. Die Fahrgäste blieben aus, am 2. November 1981 wurde der grenzüberschreitende Reiseverkehr eingestellt, die Güterzüge – scharf kontrolliert – jedoch blieben. Und auch heute noch fahren bei Grambow deutsch-polnische Güterzüge durch die stille, unspektakuläre Landschaft. Seit dem 1. Juni 1991 schrecken zudem die Signalhörner der Reisezüge die Fauna des Grenzlandes auf, das ansonsten seinen Schrecken für Deutsche wie Polen gottlob verloren hat.

4.2.3 KBS 209.26 Küstrin-Kietz–Kostrzyn (Küstrin Neustadt Hbf)

Bis zum Ende des Zweiten Weltkriegs lag Küstrin an der größten aller von Berlin in den Osten führenden Magistralen, der Ostbahn. Über die Gleise dieser legendären Bahnlinie, vorrangig aus militärischen Erwägungen entstanden und deshalb auch das erste auf Staatskosten gebaute Streckensystem Preußens, rollten die Schnellzüge nach Danzig, Königsberg und St. Petersburg. Nach über 20 Jahren Bauzeit hatte man die Ostbahn Berlin–Königsberg am 1. Oktober 1867 fertig gestellt. Auch die

Vor der altpreußischen Bahnhofsburg von Küstrin Neustadt Hbf hat am 26.2.1996 der Triebwagen aus Berlin sein Ziel erreicht. Während hier auf dem oberen Bahnsteig des Turmbahnhofs selbst 1944 (»bis auf weiteres«) die D Züge (darunter der D1 nach Königsberg) ein- und ausfuhren, spielt sich heute der Hauptverkehr der PKP auf den unteren Bahnsteigen ab.

Einer der »Schicksalsströme« Deutschlands ist die Oder, deren Überquerung durch russische Truppen das Ende des »Dritten Reiches« besiegelte und die seit 1945 zur neuen Ostgrenze wurde. Mit zusammengesuchten Überbauten begann nach 1945 ein erster Brückenschlag, dessen Vollendung der Beitritt Polens zur EU bilden wird. Nur die Eisenbahn wird sich wohl noch eine Weile mit dem alten Material begnügen müssen (Oderbrücke bei Küstrin am 26.2.1996).

Lücke zwischen Küstrin und der Hauptstadt Preußens war nun geschlossen, bis dahin hatten die Züge ab Küstrin den Umweg über Frankfurt (Oder) nehmen müssen.

Die Ostbahn ist Legende. Doch 1945 war ihre Zeit abgelaufen, und nichts spricht dafür, dass sie zumindest auf deutscher Seite ihre alte Bedeutung jemals zurück erlangt. Längst hat sich der große Fernreiseverkehr auf der elektrifizierten Achse Berlin–Frankfurt (Oder)–Warschau fest eingerichtet. Die Arbeitsteilung war schon zu DDR-Zeiten klar: Die alte Ostbahn gehörte den Güterzügen und den Militär-Transporten, zivile Reisende nahmen vorrangig den Weg über Frankfurt (Oder). Zwar gab es einige Dienst-Personenzüge, die zwischen Küstrin-Kietz – zu DDR-Zeiten hieß der Ort nur Kietz – und dem Bahnhof Kostrzyn (Küstrin Neustadt Hbf) den Oder-Vorflutkanal und damit die Staatsgrenze überquerten, aber öffentlichen Personenverkehr gab es hier seit Anfang 1945, als die Front Küstrin erreichte und hier im Oderland eine der blutigsten Schlachten des Zweiten Weltkriegs ausgefochten wurde, nicht mehr. Dabei dürfte es nicht ohne Bedeutung gewesen sein, dass die von der Bahn durchquerte Insel zwischen Vorflutkanal und Oder-Strom von der Roten Armee belegt war. Auf der Insel lag auch der nach 1945 geschlossene Bahnhof Küstrin Altstadt, der bis 1962 noch als Ladestelle für die Sowjet-Truppen genutzt wurde.

Oranienbaum ist der größte Zwischenbahnhof der Strecke Dessau–Wörlitz, in dem auch die Braunkohlenbahn, die heute nach »Ferropolis«, der Stadt aus Eisen führt, ihren Ausgangspunkt hat. Vor dem verspielten Bahnhofsgebäude wartet am 21.9.1997 ein Klassiker des Schienenverkehrs, der Uerdinger VS 251 der Anhaltischen Bahn. Er gehörte einst der Bundesbahn, die ihn schließlich als 998 633 an die Dürener Kreisbahn (VS 251) weitergab.

Die Wörlitzer Gärten gehören heute zum Weltkulturerbe und vielleicht führt das dazu, dass die Strecke besser ausgelastet wird. Am 21.9.1997 konnte man sich in Wörlitz nicht beklagen: VS 251 und VT 204 waren gut besetzt.

4.2.6 KBS 325 Schierke–Brocken

Der Brocken ist kein Berg wie jeder andere. Den höchsten Gipfel des Harzes stürmen Hunderttausende jedes Jahr mit ganz besonderer Inbrunst, und die meisten tun dies mit Volldampf, nämlich in Zügen der Harzer Schmalspurbahnen. So oder ähnlich geschieht das schon seit 1898, allerdings mit gut dreißigjähriger Unterbrechung. Schuld an dieser Auszeit war die Teilung Deutschlands. Das im äußersten Westen der sowjetischen Besatzungszone bzw. der späteren DDR gelegene Gebiet um den König der norddeutschen Berge wurde mit der Abriegelung der innerdeutschen Grenze – genauer: zeitgleich mit dem Beginn des Mauerbaus in Berlin am 13. August 1961 – zum Sperrgebiet. Urlaubsorte wie Schierke, Elend oder Sorge durften nur noch mit Passierscheinen von nicht dort wohnhaften Personen betreten werden, es dauerte nämlich einige Zeit, bis man in den dunklen Harzwäldern die Grenze wirklich undurchlässig gemacht hatte. Obendrein bot sich die 1142 m hohe Erhebung natürlich als Standort für geheimste Lauschanlagen und andere militärische Sperenzchen geradezu an, lag dem Brocken doch der Norden des westdeutschen Klassenfeindes zu Füßen.

Mit der Wende war all das rasch obsolet, die Rote Armee rückte ab, die Brocken-Sehnsucht der Deutschen erwachte aufs Neue, die Touristen kamen in hellen Scharen zurück. Und die Brockenbahn schließlich auch. Am 15. September 1991 dampften erstmals wieder zwei Sonderzüge mit Touristen von Schierke (635 m ü. NN) zum Brockenbahnhof (1125 m ü. NN) hinauf, allzu großer technischer Vorbereitungen bedurfte dies nicht, denn die Strecke war ja zur Versorgung der Militäranlagen auf dem

Durch seine exponierte Lage in mitten des norddeutschen Tieflands kann es auf dem Brocken richtig ungemütlich werden. Am 3.1.1994 war so ein Tag, als man froh war, dass zwischen Bahnsteig und Gaststätte kein allzu langer Weg notwendig wurde. Dienst hatte 199 879, die aus einer normalspurigen V 100 der Deutschen Reichsbahn zur Schmalspurlok umgebaut wurde.

Dicke Brocken auf dem Brocken: Da wären zum einen die vielen Findlinge aus Granit, die den waldlosen Brockengipfel zieren. Dann wären da die schweren und wuchtigen Tenderlokomotiven, die 1955 erstmals hier angesiedelt wurden und die sich bis heute – von einer kurzen Unterbrechung abgesehen – hier oben auf 1125 Meter wohl fühlen.

Gipfel bis kurz vor der Wende einsatzbereit gewesen. Für einen Regelbetrieb mussten dann jedoch noch einige Vorkehrungen getroffen werden, aber am 1. Juli 1992 war es soweit, seit diesem Tag fahren wieder planmäßig Reisezüge auf den großen Hexenberg.

Zu dieser Zeit war noch die Deutsche Reichsbahn Eigentümer und Betreiber der Brockenbahn und der anderen Schmalspurbahnen des Harzes. Das sollte sich bald ändern. Entstanden war die Brockenbahn bekanntlich als Element der privaten, also wesentlich von den Städten und Gemeinden getragenen Nordhausen-Wernigeroder Eisenbahn, die sich zeitgleich mit der Fertigstellung ihrer Stammstrecke 1897/98 schon damals um eine Zweiglinie Richtung Brocken bemüht hatte. Bis Schierke dampften die ersten Züge am 20. Juni 1898, von Schierke hinauf zum Brocken fuhr der erste am 4. Oktober 1898, der öffentliche Reiseverkehr begann am 27. März 1899.

Trotz des enormen Höhenunterschieds konnte die Strecke ohne Zahnstangenabschnitte trassiert werden, durch lange Schleifen und eine geschickte Anpassung der Trasse an die Berghänge ließ sich die Maximalneigung auf 33 Promille begrenzen. Für den Betrieb bringt der Verzicht auf Zahnstangen natürlich enorme Vorteile, die Züge können ohne Umspannen direkt von Wernigerode hinauf schnaufen, das sichert knappe Reisezeiten und damit letztlich eine hohe Streckenkapazität. Und das erwies sich auch sofort als richtig und wichtig, denn innerhalb kürzester Zeit entwickelte sich der Tourismus zum Brocken als wirtschaftliches Standbein der Nordhausen-Wernigeroder Eisenbahn. Damals ruhte allerdings in der Winterzeit der Verkehr.

Die Brockenbahn blieb auch in den folgenden Jahrzehnten die wichtigste Einnahmequelle der NWE. Erst mit dem Zweiten Weltkrieg änderte sich das, Tourismus hatte in jenen trostlosen Jahren keine Bedeutung, erst zum 14. Mai 1949 wurde der Verkehr zum Gipfel wieder aufgenommen. Siebeneinhalb Monate später, zum 1. Januar 1950, übernahm dann die Deutsche Reichsbahn der DDR den Betrieb der NWE, die 1949 umgesetzte und fast alle Betriebe umfassende Eingliederung der so genannten Privatbahnen in die Reichsbahn im Gebiet der (späteren) DDR machte natürlich auch im Harz nicht Halt.

Als wie berichtet am 1. Juli 1992 der Regelbetrieb zum Brocken wieder aufgenommen wurde, geschah dies noch unter den Fittichen der Reichsbahn. Allerdings war zu dieser Zeit die Umstrukturierung bereits eingeleitet worden. Das Land und die Kommunen sollten und wollten die Schmalspurbahnen wieder selbst übernehmen, wobei man klugerweise auf eine Aufspaltung – NWE hier, Gernrode-Harzgeroder Eisenbahn (siehe Abschnitt 4.2.7) dort – verzichtete. Als Harzer Schmalspurbahnen GmbH (HSB) betreibt die neue Eigentümerin seit dem 1. Februar 1993 vereint das rund 130 km große Meterspurnetz im nördlichsten deutschen Mittelgebirge. Das ist schon deshalb klug, weil bis heute der nun auch im Winter angebotene Brocken-Verkehr ein paar kräftige Brocken zum Erhalt der anderen, längst nicht so gut frequentierten Routen abwirft.

4.2.7 KBS 333 Stiege–Straßberg 14 km

Im Streckennetz und Verkehrsangebot der (meterspurigen) Harzer Schmalspurbahnen steht die Selketalbahn seit eh und je im Schatten der Brockenbahn und der Harzquerbahn Nordhausen–Wernigerode. Dabei ist ihr Kernstück, die in den Jahren 1887 und 1888 eröffnete Gernrode-Harzgeroder Eisenbahn (GHE), die älteste Schmalspurbahn des Harzes. Kurz nach Vollendung der Stammstrecke begannen schon die Vorarbeiten für die Erweiterung dieser Bahn: In Alexisbad wurde eine Abzweigstation angelegt, und bereits am 1. Juni 1890 erreichte der erste Zug den Ort Günthersberge im Selketal.

Damit nicht genug, nun sollte durch eine Verlängerung des Günthersberger Zweiges der im Herzogtum Anhalt verlaufenden Stammstrecke auch das zum Herzogtum Braunschweig gehörenden Städtchen Hasselfelde erschlossen werden, um endlich mehr Verkehr auf die Gleise zu bekommen. Anhalt und Braunschweig schlossen am 24. Mai 1891 einen entsprechenden Staatsvertrag, die Baukolonnen konnten wieder ins Selketal einrücken. Am 1. Dezember 1891 schnaufte der erste Planzug von Alexisbad (325 m ü. NN) über Günthersberge (420 m) hinauf nach Stiege (485 m), das Reststück von Stiege nach Hasselfelde (452 m) ging zum 1. Mai 1892 in Betrieb.

Der Bahnhof Stiege hatte ein paar Jahre später die Ehre, zur Abzweigstation für die Anschluss-Strecke an das Netz der Nordhausen-Wernigeroder Eisenbahn (NWE) aufzusteigen, am 15. Juli 1905 eröffnete die GHE den Betrieb auf der Verbindung Stiege–Eisfelder Talmühle. Nun begann für die GHE die erfolgreichste Epoche in ihrer Geschichte, der Fahrzeugpark wurde modernisiert, man kam gut zurecht. Mit Ausbruch des Ersten Weltkriegs war die große Zeit der kleinen Bahngesellschaft vorbei, die Beschlagnahmung vieler Fahrzeuge für den Einsatz bei den Feldeisenbahnen und die Wirtschaftskrise nach Kriegsende trafen sie schwer. Die inzwischen unter die Fittiche der Anhaltischen Landes-Eisenbahngesellschaft gekommene GHE musste nun schwere Jahre überstehen, erst langsam konsolidierte sich der Betrieb, der Zweite Weltkrieg führte wieder zu einem kräftigen Verkehrsanstieg.

Die Folgen dieses Krieges waren umso schlimmer. Die sowjetischen Besatzer verfügten 1946 die Demontage, der nur die Verbindung Eisfelder Talmühle–Stiege–Hasselfelde und ein Grubenanschluss bei Straßberg entgingen. Den Betrieb nach Hasselfelde übernahm nun die Nordhausen-Wernigeroder Eisenbahn von der GHE.

Aber das Selketal konnte auf seine Bahn nicht verzichten und erreichte die Genehmigung zum Wiederaufbau, am 8. März 1949 war die Strecke Gernrode–Alexisbad–Straßberg wieder befahrbar, im Juli 1950 kam man erstmals wieder per Bahn von Alexisbad nach Harzgerode; den Betrieb der Schmalspurbahn führte inzwischen auch hier die Deutsche Reichsbahn. Nur zwischen Straßberg und Stiege, wo der Verkehr ohnehin nicht sehr groß war, klaffte weiterhin eine Lücke. Aber auch auf den

So wie früher in Osnabrück und bald wieder in Berlin kann man heute in Stiege einen Vollkreis mit einem regulären Reisezug fahren. 99 7233, eine der 18 klassischen 1'E 1'-Harzbahnloks, hat am 2.2.1991 das meiste schon geschafft, während es dem Zugende rechts von ihr noch bevorsteht. Auf dem vorderen Gleis links geht es nach Hasselfelde, rechts zum Bahnhof Stiege, den der Zug in wenigen Sekunden zum zweiten Mal passieren wird.

übrigen Gleisen überzeugten die Überbleibsel der GHE nicht. Der Güterverkehr war zwar zunächst wieder recht beachtlich, litt aber darunter, dass alle Güter in Gernrode umgeladen werden mussten, weil ein Rollwagenverkehr wie auf der ehemaligen NWE wegen der engen Einschnitte im Selketal nicht möglich war.

Im Jahr 1966 beschlossen die Verkehrsplaner, die Selketalbahn auf Verschleiß zu fahren und später stillzulegen. Aber die kleine Bahn hatte Glück. In Silberhütte wurde für den Betrieb Pyrotechnik ein Heizkraftwerk gebaut, das per Bahn mit Kohle versorgt werden sollte, dann kam auch die Wende in der Energieversorgung der DDR hinzu. Kraftstoff für Automobile musste eingespart werden, Dampfloks bekamen noch einmal ihre Chance. Im Sommer 1983 wurde die Lücke zwischen Stiege und Straßberg geschlossen, der offizielle Eröffnungszug dampfte am 30. November 1983 von Stiege hinab nach Alexisbad, der erste Zug mit aufgebockten Kohlewagen aus Nordhausen traf am 12. Februar 1984 in Silberhütte ein. Zu dieser Zeit entstand auch die einmalige Kehrschleife am Bahnhof Stiege, die es von Eisfelder Talmühle kommenden Zügen erlaubt, ohne Umspannen der Lok bzw. Lokwechsel direkt weiter zu fahren Richtung Straßberg. Am 3. Juni 1984 schließlich schnaufte wieder ein Personenzug von Alexisbad über Straßberg und Stiege hinauf nach Hasselfelde.

Mittlerweile hat die Selketalbahn für den Güterverkehr ausgedient, aber als Touristenattraktion mag man nicht auf sie verzichten. Allerdings reichen für die meisten Züge längst Dieseltriebwagen aus, von großen Touristenströmen wie am Brocken kann man in dieser Region des Harzes nur träumen.

Güntersberge, Friedrichshöhe und Albrechthaus heißen die drei Bahnhöfe bzw. Haltepunkte an der »Neubaustrecke« von 1983. Im erstgenannten dieser drei Vornamens-Bahnhöfe ist 99 6001 im März 2001 mit ihren drei Wagen eingefahren, eine Krupp-Lokomotive aus dem Jahre 1939.

4.2.8 KBS 337 Klostermansfeld–Helbra

Das Mansfelder Land gehört nicht unbedingt zu den idyllischsten Regionen Deutschlands. Wohl gibt es nicht weit von hier hübsche Mittelgebirgslandschaften, etwa links und rechts des Flüsschens Wipper, prägend jedoch ist der schon vor über 800 Jahren begonnene Bergbau, oder besser: das, was davon zurück geblieben ist. Die Gewinnung und Verarbeitung von Erzen und Metallen – Kupfer vor allem – ist mit der DDR untergegangen, gegen Weltmarktpreise konnte das längst nicht mehr zeitgemäße Mansfeld-Kombinat, im doppelten Sinn des Wortes, nicht anstinken, zumal die Vorkommen schon stark ausgeerzt waren. So dominieren denn heute neben den Resten stillgelegter Hütten und Bergwerke vor allem unzählige Halden das Landschaftsbild, und die Sozialstruktur ist geprägt von Abwanderung und Arbeitslosigkeit.

Und doch hat das Mansfelder Land seine Reize. Eisenbahnfreunden fällt da natürlich zunächst die Mansfelder Bergwerksbahn ein. Das schmalspurige Gleisnetz (750 mm) umfasste in seinen besten Zeiten – das waren die Dreißigerjahre, als die Autarkiebemühungen Deutschlands der Metallerzeugung im Harzvorland einen frischen Schub brachten – fast 100 km, bis heute hat nur die (Museumsbahn-) Strecke Klostermansfeld–Bockstal–Hettstedt überlebt. In den Dreißigerjahren wurden auch die noch heute vorhandenen Dampfloks mit den Nummern 6 bis 11 beschafft, die jetzt den Grundstock des Fahrzeugparks des Vereins Mansfelder Bergwerksbahn bilden, der es zur Freude zahlloser Fans auf den noch vorhandenen Schmalspurgleisen immer wieder kräftig dampfen lässt.

Gewissermaßen ein Überbleibsel des Mansfeld-Kombinats bzw. dessen Werksbahnen-Systems ist auch die Kreisbahn Mansfelder Land GmbH. Am 28. September 1997 übernahm diese mit so genannten Esslinger Triebwagen – den von der Ermstalbahn erwor-

Ein eigentümlicher Endbahnhof ist der Haltepunkt Helbra direkt neben der Kanonenbahn Berlin–Metz, deren Stellwerk und Strecke im Hintergrund erkennbar sind. Immerhin gab es am 20.8.2000 mit dem Fotografen zwei Fahrgäste sowie zwei Mann Personal. Der gute alte Esslinger-Triebwagen der KML trägt das DB-Emblem, weil er auch auf DB-Strecken um Klostermansfeld im Einsatz steht.

Aus einem in Lengerich bei der TWE jahrelang abgestellten Wrack wurde in der Werkstatt Klostermansfeld wieder ein Schmuckstück: Mit neuen Schwenktüren, Systemsitzen, Behindertenlift, Videoanlage und Bar hat VT 408 alles, was man heute so im Schienenverkehr erwarten darf.

benen VT 406–408 – im Auftrag der DB und der Nahverkehrs Service Sachsen-Anhalt GmbH (Nasa) den Betrieb auf der Kursbuchstrecke 337 zwischen Wippra im südöstlichen Harz und Klostermansfeld. Letzteres liegt an der Hauptbahn Güsten–Blankenheim (–Sangerhausen), einem Teilstück der legendären »Kanonenbahn« Berlin–Metz. Seit dem 28. Mai 2000 bedient die Kreisbahn Mansfelder Land übrigens im Auftrag der DB auch die KBS 336 Hettstedt–Gerbstedt.

Die am 1. November 1920 eröffnete Bahn Klostermansfeld–Wippra ist aber seit dem 24. Mai 1998 nicht mehr alleiniges Betätigungsfeld der »Wipperliese«, wie die Wippertal-Züge im Volksmund heißen. An Sonn- und Feiertagen von Frühjahr bis Herbst brummen die blausilbernen Triebwagen der Kreisbahn bei vier Paaren für zwei Kilometer über Klostermansfeld hinaus bis Helbra. Dabei befahren sie neben der Kanonenbahn auch Schienenwege, die früher als normalspurige Anschluss- und Verbindungsgleise für den Werks-Güterverkehr dienten. Die erst 1961 gebaute normalspurige Helbraer Anschlussbahn hat so zumindest in Rudimenten noch eine Zukunft. Ansonsten ist nämlich auch rund um Helbra, von wo aus einst Gleise nach Eisleben – der Betrieb wurde 1972 mit Ende der dortigen Rohhütte eingestellt – und Hettstedt führten und wo 1990 mit der Schließung von Rohhütte und Kraftwerk der reguläre Güterverkehr und Dampflokeinsatz der Bergwerksbahn überhaupt sein Ende gefunden hatte, kaum ein altes Gleis liegen geblieben.

4.3 Sachsen

4.3.1 *KBS 236 Ebersbach–Rumburk*

Für das Verhältnis der DDR zu ihrem südlichen Nachbarn Tschechoslowakei gilt das Gleiche wie für das Verhältnis zum östlichen Nachbarn Polen: Von einem einfachen, freizügigen und unbehinderten Grenzverkehr konnte in den Achtzigerjahren keine Rede sein. Auf lediglich drei Grenzübergänge konzentrierte sich der Schienenverkehr, nämlich Bad Brambach/Vojtanov (heute KBS 544), Bad Schandau/Decin (C5/C6) und Zittau/Hradek (C1). Hinzu kam die Strecke (Zittau–) Mittelherwigsdorf–Eibau (heute KBS 235), die in Varnsdorf zwar tschechischen Boden berührt, aber anders als heute für Deutsche keinen normalen Grenzübertritt zuließ, sondern als Transitstrecke des CSSR-Binnenverkehrs diente, »Privilegierter Durchgangsverkehr« hieß und heißt das.

Heute sieht die Situation ganz anders aus, zwischen Zittauer Gebirge und Oberpfälzer Wald wird ein gutes Angebot von grenzüberschreitenden Schienen-Verbindungen bereitgehalten, das sich zwar noch nicht mit dem der Epoche bis zum Ersten Weltkrieg messen kann, aber doch vor nur gut einem Dutzend Jahren noch unvorstellbar gewesen wäre. Die erste echte Wiedereröffnung fand am 2. Juni 1991 im südöstlichsten Zipfel Deutschlands um Zittau und im Erzgebirge statt und betraf die Strecken Ebersbach–Rumburk (deutsche Schreibweise: Rumburg) sowie Johanngeorgenstadt–Potucky (KBS 535).

Ebersbach und Jirikov sind eigentlich nur zwei nebeneinander liegende und durch einen kleinen Bach getrennte Bahnhofsteile. Während die meisten Züge aus Rumburk in Jirikov enden, fahren wenige stattdessen nach Ebersbach. Bei solchem Tun beobachten wir just im Moment des Grenzübertritts am 7.5.1998 den Triebwagen 810 275 der Tschechischen Staatsbahn.

Bei der Ausfahrt aus dem Bahnhof Ebersbach entstand am 21.8.2000 aus dem Zug dieses Bild vom Schwesterbahnhof Jirikov, in dem 810 300 auf die Fahrt nach Rumburk wartet. Will man mit dem Zug zwischen beiden Bahnhöfen reisen, muss man den rund einstündigen Umweg über Rumburk fahren. Da geht man dann doch besser in fünf Minuten zu Fuß.

Drei Zugpaare wurden auf der heutigen Verbindung mit der Nummer 236 zunächst angeboten, recht kurzfristig waren sie eingelegt worden, so dass man sie damals im Kursbuch vergeblich suchte. Auch heute gehört diese Strecke unter den Grenz-Routen eher zu den unscheinbaren, nur drei Zugpaare am Wochenende und an Feiertagen sind hier unterwegs. Aber immerhin, es fährt wieder etwas, und der Bahnhof Ebersbach ist wieder ein im Personenverkehr aktiver Grenzbahnhof. Wobei hinzuzufügen ist, dass nur wenige Anlagen diesem Begriff des Grenz-Bahnhofs im Wortsinne so nahe kommen wie Ebersbach, denn hier werden die Bahnanlagen direkt von der Grenzlinie berührt.

Ebersbach liegt an der 1874/75 von den Königlich Sächsischen Staatseisenbahnen geschaffenen Hauptbahn Zittau–Bischofswerda (–Dresden), zudem zweigt hier die vom selben Bauherrn bereits 1873 eröffnete Strecke nach Löbau ab. Vor allem diese Löbauer Strecke ist für den Bahnhof von Bedeutung gewesen, auf sie auch zielte die Böhmische Nordbahngesellschaft, die zwecks Ausdehnung des Kohlenverkehrs ihre Strecken von Warnsdorf (Varnsdorf) und Rumburg (Rumburk) über Ebersbach in Richtung Löbau verlängern wollte. Die Löbauer Strecke baute Sachsen selbst, gestattete den Böhmen aber immerhin den Anschluss in Ebersbach. Am 1. November 1873 wurde die Strecke Rumburg–Ebersbach eröffnet, am gleichen Tag wie die sächsische Linie Ebersbach–Löbau. Den alten Wegen passt sich die Gegenwart an.

4.3.2 KBS 502 Oschatz–Altmügeln

67 Weichen, 35 Betriebsgleise – mit diesen Kenndaten hatte sich der Bahnhof des sächsischen Städtchens Mügeln den Titel des größten europäischen Schmalspurbahnhofs erworben. Nun, das ist lange her, von dem zwischen 1884 und 1903 gewachsenen Mügelner Netz in 750 mm-Spur blieb nicht allzu viel. Von 1964 bis 1972 schrumpfte es drastisch zusammen, bis letztlich nur noch die Verbindung von Oschatz, das an der Magistrale Leipzig–Dresden liegt, über Mügeln nach Kemmlitz in Betrieb war. Ihre wirtschaftliche Basis war im Gegensatz zu den anderen Strecken einigermaßen fest: Kaolintransport von Kemmlitz zur Hauptbahn-Station Oschatz. Daneben kümmerte zunächst noch ein bescheidener Personenverkehr vor sich hin, ehe die Deutsche Reichsbahn diesen zum 29. September 1975 einstellte. Fortan tobte sich der »Wilde Robert«, wie die Bahn im Volksmund hieß, ungestört im Güterverkehr aus: Zierliche sächsische Schmalspurdampfloks der Gattung IV K schleppten auf Rollwagen Normalspur-Güterwagen zum Wohle der Porzellanmanufakturen über die schmalen Gleise.

Es braucht nicht viel Fantasie für die Vorstellung, dass die zur Gründung anstehende Deutsche Bahn AG wenig

Der Fuhrpark der Döllnitzbahn stammt von den polnischen und österreichischen Staatsbahnen, von DDR-Industriebahnen und von der Deutschen Reichsbahn. Auf dieses Fahrzeug trifft sogar zweierlei zu: Lieferung 1939 als Triebwagen 137 341 an die Deutsche Reichsbahn in der damaligen »Ostmark«, nach dem Krieg als Diesellok 2091.10 bei der ÖBB. Hier fährt sie am 1.9.2000 bunt lackiert mit dem P 110 durch Oschatz.

Hier sieht fast alles noch so aus wie vor einhundert Jahren – selbst die Lok der sächsischen Gattung IV K, die allerdings erst 1967 als Neubau und Nachfolgerin ihrer Namensvetterin 99 561 aus dem Jahre 1909 entstanden ist. Am 3.4.2000 zieht die Lok den Personenzug 110 durch Oschatz.

Lust verspürte, einen solchen Nostalgiebetrieb in ihr projektiertes »Unternehmen Zukunft« einzugliedern. Schon die Reichsbahndirektion Dresden hatte angesichts sinkender Kaolin-Nachfrage seit Mitte der Achtzigerjahre die Stilllegung geprüft, war aber damit letztlich nicht mehr zum Zuge gekommen. Nun sollte das Problem also Anfang der Neunzigerjahre gelöst werden, allerdings anders als ursprünglich vorgesehen. Privatisierung lautete jetzt das Motto, und man fand auch tatsächlich einen Abnehmer: die ostdeutsche Sektion des Bahnkundenverbandes »Pro Bahn«, die inzwischen unter »Deutscher Bahnkundenverband« firmiert und die *Deutsche Regionalbahn GmbH* (DR) gründete, u. a. zuletzt auch Zug-Betreiber der Strecke Dessau–Wörlitz im Auftrag der DB (vgl. Abschnitt 4.2.5). Am 17. Dezember 1993 unterzeichneten die Vertragspartner die Privatisierungsdokumente zur *Döllnitzbahn GmbH*.

Das junge Unternehmen machte rasch deutlich, dass es keineswegs vorhatte, hier lediglich einem Nostalgiebetrieb über die Runden zu helfen. Man besorgte sich drei Dieselloks und ließ bei der »MaLoWa«, den ehemaligen Eisenbahnwerkstätten des Mansfeld-Kombinats (vgl. Abschnitt 4.2.8) moderne Kippwagen fertigen, um den aufwändigen Rollwagenbetrieb aufgeben zu können.

Weitere Fahrzeuge, auch aus Rumänien und Österreich, kamen hinzu.

Aber die Döllnitzbahn wollte sich nicht nur auf Kaolinfuhren beschränken, sondern strebte auch die Wiederaufnahme des Personenverkehrs an. Ein erster Schritt in diese Richtung war die Übernahme einiger Schülerverkehrsleistungen vom Straßenbus zwischen Altmügeln und Oschatz. Seit dem 2. Juni 1997 werden diese Touren – drei Zugpaare zu dieser Zeit – als öffentliche Angebote auch im Kursbuch bekannt gemacht, und zwar in einer damals recht bunten Mischtabelle aus Schüler- und Dampfsonderzügen. Damit nicht genug, es sollte wieder ein »richtiger« öffentlicher Personennahverkehr sein. Am 30. Mai 1999 war dieses Ziel erreicht, mit einem recht ambitionierten Fahrplan – acht Zugpaare werktags, davon zwei nur an Schultagen – trat die Döllnitzbahn im Kursbuch nun wieder wie eine ganz normale Bahnstrecke auf.

Am Ausfahrsignal von Oschatz müht sich am 20.9.1996 Lok 31 redlich, ihre zwei Wägelchen gen Altmügeln zu befördern. Diese Lok stammt aus dem Mansfelder Land, das wir im vorletzten Abschnitt kennen gelernt haben. Im Hintergrund ist der Staatsbahnhof Oschatz zu erkennen, dessen Gleisbild und Anlagen in den letzten Jahren für den Verkehr mit 200 km/h ertüchtigt wurden.

4.3.3 KBS 535 Johanngeorgenstadt–Potucky

Ganz still und ohne großen Werberummel verständigten sich die DR und die Tschechoslowakische Staatseisenbahn (CSD) nach der Wende darauf, wieder Züge über die grenzüberschreitende Strecke Johanngeorgenstadt–Potucky (Breitenbach) im Erzgebirge verkehren zu lassen. Im Kursbuch fand man darüber nichts, aber seit Juni 1991 fuhren die Züge tatsächlich, zum Einsatz kamen Fahrzeuge der CSD. Mit In-Kraft-Treten des nächsten Jahresfahrplans am 31. Mai 1992 wurde das Angebot dann unter der Auslandsverbindungsnummer C9 auch im Kursbuch bekannt gemacht, auch damals fuhren CSD-Dieseltriebwagen und -Lokomotiven über die außerhalb des Erzgebirges kaum bekannte Grenzstrecke. Die Deutsche Reichsbahn hatte übrigens zunächst nicht allzu viel von dem neuen Angebot. Viele derjenigen Fahrgäste, die von Deutschland nach Böhmen – vor allem natürlich nach Karlsbad – reisen wollten, begannen ihre Reise erst in Potucky oder überquerten die Grenze zwischen den nur wenige hundert Meter voneinander entfernten Bahnhöfen zu Fuß, weil der CSD-Binnentarif viel günstiger war als ein entsprechender Fahrkartenkauf in Deutschland. Eine Zeit lang stand das Angebot deshalb auf der Kippe, aber es hat sich gehalten.

Besser noch: Heute findet man durchgehende Züge (Zwickau-) Johanngeorgenstadt–Potucky (-Karlsbad) nicht mehr nur im Auslandsteil des Kursbuchs unter C 9,

Der CD-Schienenbus 810 054 hat Potucky, den tschechischen Grenzbahnhof gegenüber von Johanngeorgenstadt erreicht. Kaum zu glauben, dass es im Jahre 2001 noch original böhmische Lokalbahn-Atmosphäre zu bewundern gibt, einschließlich Grenzer, der einen der beiden Fahrgäste kontrolliert (der andere Passagier schoss diese Foto).

sondern die – leider nicht sehr häufigen – Fahrten stehen auch unter der Inlands-Kursbuchnummer 535. Man wird dies durchaus als ein erfreuliches Ergebnis der Entspannung in den Beziehungen zweier Staaten sehen, deren gegenseitiges Verhältnis über Jahrzehnte alles andere als unbelastet gewesen war und dies in Teilen noch ist. Im Übrigen dürften die Annäherungen des Preisniveaus zwischen Tschechien und Deutschland dazu beigetragen haben, die Fahrten auch für die DB wieder attraktiver zu machen.

Die Bahnverbindung Johanngeorgenstadt–Potucky stammt aus einer Zeit, als es die erwähnten großen Spannungen der Staaten nördlich und südlich des Erzgebirges so noch nicht gab. Den Grundstock bildet die von den Königlich Sächsischen Staatseisenbahnen gebaute Strecke (Zwickau–) Schwarzenberg–Johanngeorgenstadt – eröffnet am 20. September 1883 –, die zwar als Sekundärbahn ausgeführt wurde, aber von vornherein für eine Verlängerung ins damals noch zum Habsburgerreich gehörende Böhmen vorgesehen war. In einem Staatsvertrag mit Österreich vom 5. Mai 1884 verpflichtete sich Sachsen, den Bahnhof Johanngeorgenstadt als gemeinsame Grenz- und Wechselstation und als Zollabfertigungsstelle auszubauen, wenn die Realisierung der Verlängerung Richtung Karlsbad anstehen sollte. Das dauerte dann aber noch ein Weilchen, erst im Frühjahr 1898 begannen die entsprechenden Bauarbeiten und am 1. April 1899 wurde der Zugverkehr nach Böhmen aufgenommen; zunächst allerdings nur im Güterverkehr, der Personenverkehr folgte am 15. Mai 1899. Insgesamt entwickelte sich der Verkehr so gut, dass bald eine Erweiterung des Bahnhofs Johanngeorgenstadt notwendig wurde. Gleichwohl erlangte dieser Grenzübergang nur regionale Bedeutung, und als mit der Auflösung der K.u.k-Monarchie nach dem Ersten Weltkrieg das friedvolle Nebeneinander für rund 70 Jahre ein Ende fand, sank auch der Stellenwert dieses Übergangs, um schließlich still und leise nach rund 45-jähriger Leblosigkeit wieder in die Welt zurückzukehren.

Am 8. 8. 1999 ist »der Tscheche« mit der modernen 714 206 und den bekannten zweiachsigen CSD-Schienenbussen nach Johanngeorgenstadt gekommen. Bahnhof und Bahnsteige machen einen heruntergekommenen Eindruck, nur der Kilometerstein 0 strahlt im weißesten Weiß.

Im Mai 2001 gibt es schon neue Edelbahnsteige und seitens der DB neue Edeltriebwagen der Reihe 642 in Johanngeorgenstadt. Auch der 810 054 der CD erstrahlt im frischen gelb-roten Lack.

4.3.4 KBS 539 Klingenthal–Kraslice

Wenn im vorigen Abschnitt über die KBS 537 von einem erfreulichen Stück Entspannung zu berichten war, so kann dieser Bericht hier nahtlos fortgeschrieben werden. Gut 25 km westlich von Johanngeorgenstadt ist zwischen Klingenthal und Kraslice (Graslitz) ebenfalls eine jahrzehntelang brach liegende Eisenbahnstrecke wiederbelebt worden, allerdings in ganz anderer Intensität. Im Stundentakt (montags bis freitags; sonst Zweistundentakt) überqueren hier seit dem 28. Mai 2000 die Regiosprinter der Vogtlandbahn die Grenze zwischen Deutschland und Tschechien und demonstrieren schon heute eine neue Art modernen grenzenlosen Nahverkehrs, wie er spätestens mit dem EU-Beitritt Tschechiens wohl sowieso angezeigt gewesen wäre.

Während jedoch der Grenzübergang Johanngeorgenstadt–Potucky ohne großes Drumherum reaktiviert wurde, sah das in Klingenthal etwas anders aus. Die Wiedereröffnung war nämlich ein zentraler Baustein im neuen Bedienungskonzept für das so genannte Nahverkehrssystem »EgroNet« in der »Euregio Egrensis«, und dieses neue Nahverkehrssystem wurde als Außenprojekt der Expo 2000 natürlich kräftig mit der entsprechenden Medienwirkung bedacht. Übrigens wurde gleichzeitig als weiteres grenzüberschreitendes Projekt die von der Vogtlandbahn bediente Strecke Zwickau–Plauen–Bad

Wie bei allen Grenzbahnhöfen zwischen Deutschland und Tschechien sind heute die Empfangsgebäude gewaltig überdimensioniert. Das gilt auch für Klingenthal, wo im Mai 2001 zwar schon der Bahnsteig, aber noch nicht das Gebäude renoviert war. VT 48 gehört zu den Regio-Sprintern der Vogtlandbahn, die auch straßen(bahn)tauglich sind.

Brambach über das tschechische Cheb ins bayerische Marktredwitz verlängert.

Noch ist keineswegs alles optimal geregelt. In Kraslice muss in die Triebwagen der tschechischen Bahngesellschaft Viamont umgestiegen werden, mit denen man dann Sokolov an der Hauptbahn nach Cheb (= Eger; daher der Name Euregio Egrensis) erreicht; in Sokolov muss auf CD-Züge umgestiegen werden. Obendrein war zum Betriebsbeginn am 28. Mai 2000 die Strecke noch nicht durchgehend saniert, erst im Laufe des Sommers wurde das nachgeholt. Auch die Brücke über den Zwota Bach an der östlichen Bahnhofsseite von Klingenthal – das ausgedehnte Gelände mit dem riesigen alten Stationsgebäude liegt jetzt größtenteils brach und wartet auf eine neue Nutzung – war noch nicht fertig, zunächst musste eine Behelfskonstruktion bis in den Spätsommer hinein deren Aufgaben übernehmen. Die Vorgängerkonstruktion war 1976 demontiert worden, denn nichts hatte damals darauf hingedeutet, dass der zu dieser Zeit seit 31 Jahren ruhende Bahnverkehr jemals wieder aufgenommen werden würde.

Noch ein paar Worte zu den Anfängen. Am 24. Dezember 1875 hatte die Chemnitz-Aue-Adorfer Eisenbahngesellschaft die Strecke nach Klingenthal fertig gestellt, im Jahr darauf ging sie an die Staatseisenbahnen über. Im bereits in Abschnitt 4.3.3 erwähnten Vertrag zwischen Sachsen und Österreich vom 5. Mai 1884 wurde auch die Verknüpfung dieser Strecke mit der böhmischen Buschtherader Eisenbahn beschlossen und am 1. Oktober 1886 schließlich der Grenzverkehr aufgenommen.

4.3.4.1 KBS 539 Zwickau Hbf–Zwickau Glück-Auf-Center

Die Vogtlandbahn-Züge nach Kraslice beginnen in Zwickau nicht im Hauptbahnhof, sondern im Zentrum der Stadt. Hinter dieser schlichten Feststellung verbirgt sich eine Neuerung, die sicherlich ebenso interessant ist wie der Klingenthaler Grenzverkehr. Auf Dreischienengleisen fahren die Regiosprinter vom Zentrum auf gleicher Trasse wie die Straßenbahn durch die Stadtstraßen bis zum Glück Auf-Center. Dann verlassen die Züge nach Klingenthal die Straßenbahn und erreichen über eine

Kurze Zeit später nähert sich VT 48 der neuen Brücke über die Zwota und erreicht dann die Staatsgrenze Deutschland – Tschechien. Von den Verkaufszahlen her waren die Regio-Sprinter kein besonders großer Erfolg: Nur die Dürener Kreisbahn, die Vogtlandbahn und die dänische Naerumbahn wollten sie haben. Der Trend geht zum deutlich schwereren Desiro, den auch die Vogtlandbahn inzwischen nachbeschafft hat.

In Zwickau erreicht die Vogtlandbahn am Glück Auf-Center das Netz der schmalspurigen Straßenbahn. VT 42 verlässt am 9.5.2000 die Haltestelle in Richtung Falkenstein.

ehemalige Anschlussbahn nach etwa einem Kilometer die Eisenbahnstrecke von bzw. nach Aue, auf der sie in den Hauptbahnhof gelangen. Von dort steht dann die übliche Eisenbahn-Infrastruktur Richtung Erzgebirge zur Verfügung. Auf den rund 1,4 km zwischen Zentrum und Glück Auf-Center fahren die Regiosprinter natürlich nach der Bau- und Betriebsordnung für Straßenbahnen (BOStrab), anschließend nach der Eisenbahn-Bau- und Betriebsordnung (EBO). Das für Dieseltriebwagen in Deutschland bislang einzigartige und sicherlich richtungsweisende Zwickauer Modell nahm am 30. Mai 1999 seinen Betrieb auf.

4.3.4.2 KBS 539 Verbindungskurve Herlasgrün

Noch eine weitere Neuerung soll nicht verschwiegen werden. Mit den Zügen der Vogtlandbahn ist auch entlang der alten Sachsen-Magistrale Reichenbach–Plauen–Hof der Nahverkehr in den letzten Jahren grundlegend umgekrempelt worden. Das betrifft die Magistrale selbst ebenso wie die abzweigenden Bahnen. Zum neuen Angebot gehören auch Züge, die über Falkenstein nach Plauen und von dort weiter nach Schleiz (KBS 539) bzw. Adorf fahren (KBS 543), also in Herlasgrün auf die

Sachsen-Magistrale stoßen. Bekanntlich liegt der dortige Bahnhof in einem Gleisdreieck, wobei von der DDR-Reichsbahn für Züge aus Richtung Falkenstein der in Richtung Plauen/Hof führende Schenkel letztlich gar nicht mehr, der in Richtung Reichenbach führende nur in sehr geringem Maße genutzt wurde. Seit dem 28. Mai 2000 steht für die Züge Falkenstein–Herlasgrün–Plauen (und Gegenrichtung) der westliche Schenkel des umfassend modernisierten Bahnhofs Herlasgrün mit neuem Bahnsteig etc. im Planbetrieb zur Verfügung.

Dreischienengleise kommen immer mehr in Mode. So wie zwischen Putbus und Lauterbach Mole findet man sie beispielsweise auch in den Innenstädten von Zwickau und Braunschweig. Im Mai 2001 demonstriert Neuerwerbung 907 der Städtischen Verkehrsbetriebe Zwickau, dass auch auf der schmaleren der beiden Spuren die Entwicklung nicht stehen geblieben ist.

Bei Eichenberg zieht im Juni 1997 eine Güterzuglok der Baureihe 155 ihren Zug durch die liebliche Landschaft. In Zeiten der Divisionalisierung der DB AG wird es immer seltener vorkommen, dass eine DB-Cargo-Lok einen Zug von DB Regio zieht.

4.4 Thüringen und Hessen

4.4.1 KBS 600 Eichenberg–Arenshausen

So schnell kann das gehen: Am 27. Mai 1990, nur ein halbes Jahr nach dem Fall der Mauer, fuhr vor den Toren des Eisenbahnknotens Eichenberg nach fast einem halben Jahrhundert Stillstand und Verfall wieder ein Zug über die thüringisch-hessische Grenze. Die auf der alten Trasse neu aufgebaute Strecke war zwar zunächst nur eingleisig und noch nicht elektrifiziert, aber man wird wohl festhalten dürfen, dass hier alle Beteiligten schnell und gut koordiniert gearbeitet haben – leider sollte das nicht immer und überall bei ähnlichen Projekten so bleiben.

Ein erstes D-Zugpaar fuhr nun über die neue alte Verbindung, dazu ein paar Nahverkehrs- und Güterzüge. Aber das war nur der Anfang, denn die beiden deutschen Staatsbahnen hatten sich zum Ziel gesetzt, als »Verkehrsprojekt Deutsche Einheit (VDE) Nr. 6« die gesamte Strecke Eichenberg–Halle zweigleisig auszubauen und zu elektrifizieren. Die Reichsbahn hatte mit der Elektrifizierung bereits vor der Wende begonnen und den Fahrdraht in Richtung Westen voran geschoben bzw. dies vorbereitet. Insgesamt 534 Millionen Mark wollte die Bundesrepublik Deutschland in den Ausbau der traditionsreichen Halle-Kasseler Eisenbahn investieren. Unterm Strich werden es wohl ein paar Mark weniger geworden sein, denn einige Linien- und Gleisplanverbesserungen hat man sich geschenkt, weil man noch während des Ausbaus zu der Überzeugung gelangte, dass es unsinnig sei, die Strecke für mehr als 120 km/h herzurichten. Fernreiseverkehr gibt es hier nicht, nur kurzzeitig fuhr ab 1994 ein Interregiopaar Konstanz–Dessau; die schnellen Ost-West-Züge rollen über Eisenach und Erfurt (siehe Abschnitt 4.4.2), dafür ist Halle–Eichenberg heute insgesamt wohl die am stärksten belastete Ost-West Güterzugroute. Seit dem Fahrplanwechsel im Frühjahr 1994 ist die Strecke durchgehend elektrifiziert und bis auf ein kurzes Stück unmittelbar vor dem Bahnhof Eichenberg auch zweigleisig, »VDE 6« war damit erfolgreich abgeschlossen, und zwar als erstes VDE-Schienen-Projekt überhaupt.

Die aufwändige Modernisierung von 20 Loks der Baureihe 219 zur Baureihe 229 dürfte sich in den wenigen Betriebsjahren dieser Reihe kaum gerechnet haben. Im Juni 1997 war 229 102 noch munter und zieht ihre ebenfalls modernisierten Halberstädter durch den Bahnhof Arenshausen. Der Betonunterstand in DB-Einheitsbauweise passt farblich sogar ganz gut zum rötlichen Sandstein des altehrwürdigen Empfangsgebäudes.

Hier legen sich zwei Triebzüge der Baureihe 612 in die Eichenberger Kurve, allerdings noch nicht richtig, denn die Neigetechnik dieser Baureihe ist auf diesem Streckenstück noch nicht in Betrieb. Nach wenigen Metern erreicht der Zug die alte Nord-Südstrecke der DB in Richtung Göttingen.

4.4.1.1 KBS 600 Verbindungskurve Eichenberg

Mit dem erwähnten eingleisigen Stück vor Eichenberg hat es folgende Bewandtnis: Für den thüringischen Raum mit dem Südharz und dem nördlichen Eichsfeld ist besonders das niedersächsische Göttingen ein wichtiges Verkehrsziel. Mit der traditionellen bzw. der 1990 übernommenen Gleislage im Bahnhof Eichenberg ist Göttingen aus RE-Zügen Halle/Dessau–Kassel aber nur mit Umsteigen zu erreichen. Thüringen gefiel dies von Anfang an gar nicht und der junge Freistaat setzte durch, dass an der östlichen (Arenshäuser bzw. Hallenser) Einfahrt des Bahnhofs Eichenberg eine eingleisige Verbindungskurve angelegt wurde, mittels derer aus Richtung Osten kommende Züge direkt auf die Nord-Süd-Strecke nach Göttingen abbiegen können. Dieses Gleis von/nach Göttingen liegt nun von Osten betrachtet zunächst für etwa 200 m direkt neben dem Planum des nicht gebauten zweiten Gleises, also des Richtungsgleises von Osten in den Bahnhof Eichenberg. Am 3. September 1998 wurde der nicht einmal 1 km lange Eichenberger Verbindungsbogen in Betrieb genommen; knapp zwei Jahre nach der Eröffnung ersetzten »bogenschnelle« VT 612 die lokbespannten (BR 219 und 229) RE-Züge Göttingen–Erfurt und gewährleisten eine auch zeitlich kurze Verbindung zwischen Niedersachsen und Thüringen. Dabei streifen sie in Eichenberg sogar einen Zipfel von Hessen.

Dort, wo sich an der Osteinfahrt des Bahnhofs Eichenberg die Gleise nach Eichenberg und Göttingen trennen, befindet sich eine Brücke über die Bahntrasse.

Und von dieser Brücke schweift der Blick weit übers Land, wobei das Auge des verkehrshistorisch interessierten Beobachters bald die typischen Überbleibsel einer weiteren Eisenbahntrasse identifiziert: der ersten Strecke Arenshausen–Friedland, die von 1867 bis 1884 nur 17 Jahre lang benutzt worden war.

1867 hatte die Magdeburg-Köthen-Halle-Leipziger Eisenbahn-Gesellschaft ihre große Ost-West-Fernbahn Halle–Nordhausen–Arenshausen–Friedland–Göttingen fertig stellen können, am 13. März 1872 deren Zweigstrecke Arenshausen–Hannoversch Münden (–Kassel). Die Zweiglinie nach Kassel erwies sich damals als weit interessanter als die Göttinger Stammlinie, und nachdem die Preußischen Staatseisenbahn, welche inzwischen die Halle-Göttingen/Kasseler Bahn übernommen hatte, ab 1876 auch noch die Strecke Friedland–Bebra in Betrieb nahm (den Anfang machte Friedland–Eschwege), welche in Eichenberg die Linie (Halle–) Arenshausen–Kassel kreuzt, ging es mit dem Teilstück Arenshausen–Friedland rasch bergab, die Stilllegung war die Konsequenz. Wer hätte schon ahnen können, dass mehr als 100 Jahre später diese Entscheidung sich als höchst ärgerlich entpuppen würde.

4.4.2 KBS 605 Gerstungen–Eisenach-Opelwerk

Dies ist unter historischem Blickwinkel das vielleicht faszinierendste Stück Eisenbahn, das in den letzten 20 Jahren zurück ins Leben gerufen worden ist. Dies ist auch ein Stück deutsch-deutscher Geschichte, politischer Irrungen und Wirrungen, und manchmal war's wie ein Stück aus dem Tollhaus. Von der Verbindung Bebra–Eisenach ist die Rede, mitten in Deutschland gelegen und traditionell eine der ganz großen Verkehrsachsen zwischen dem Osten und dem Westen des Landes – auch in den Jahren der Teilung Deutschlands.

Zwischen Bebra und Eisenach hatte sich der Eiserne Vorhang so unglücklich über die alte Eisenbahn-Magistrale gelegt, dass die neue Grenze zwischen Thüringen und Hessen, also zwischen Bundesrepublik und DDR, die alte Trasse gleich mehrfach schnitt. Besonders problematisch, jedenfalls aus Sicht der in Grenzfragen höchst sensibel agierenden DDR, war die Situation zwischen den Grenz-Bahnhöfen Gerstungen und Wartha – beide auf östlicher Seite gelegen, denn dazwischen verlief und verläuft bis heute ein etwa 7 km langer Abschnitt mit den Stationen (und Ortschaften) Herleshausen und Wommen auf hessischem Boden. Um Wankelmütigen etwaige Republikflucht-Bemühungen nicht allzu einfach zu machen, stellte die Reichsbahn den Nahverkehr Gerstungen–Eisenach schon 1952 auf Busse um, die konnten Hessen nämlich umfahren.

Für Fernreisezüge ließ sich dieses Problem nicht so leicht lösen. Erst im Zuge der kompletten Abriegelung der DDR im Sommer 1961 setzten die Staatslenker Ost einen höchst aufwändigen Plan um, nämlich den Neubau einer Strecke von Förtha – an der Werrabahn Eisenach–Meiningen gelegen – über den Dietrichsberg nach Gerstungen. Ab April 1962 fuhren hier die ersten regulären Personenzüge, der Fernverkehr mit den Interzonenzügen wurde erst ab Winterfahrplan 1963/64 über diesen Weg geführt, weil erst jetzt die neue Grenzabfertigungsanlage in Gerstungen fertig war. Bis dahin hatte die östliche Seite in Wartha kontrolliert; im Westen wurden die Kontrollen stets in Bebra vorgenommen. Auf der erheblich günstiger, nämlich im Gegensatz zur sehr steilen Neubaustrecke praktisch steigungsfrei trassierten alten Linie durchs Werratal über Herleshausen verblieben lediglich ein regelmäßiges Güterzugpaar sowie gelegentliche Arbeitszüge. Als am 13. Juli 1978 einer dieser Arbeitszüge einen Unfall erlitt war dies für die Reichsbahn der Anlass, auch den Restverkehr auf der völlig heruntergekommenen Strecke, deren Eigentümer noch immer die östliche Staatsbahn war, einzustellen. Offiziell stillgelegt hingegen wurde sie nicht.

In den folgenden Jahren vollzog sich in Wommen und Herleshausen ein Prozess, der in der deutschen Eisenbahngeschichte zumindest in dieser Größenordnung ohne Vergleich ist. Die hier Dienst tuenden Reichsbahner – Bürger der Bundesrepublik – schlossen die Bahnhöfe und Stellwerke ab, schalteten die Lichter aus und gingen nach Hause. Zwar glaubte niemand, dass hier irgendwann einmal wieder Züge fahren würden, aber abgebaut werden durfte nichts, offiziell stillgelegt war die Strecke ja nicht, und die Reichsbahn hatte für ihre im Osten lebenden Mitarbeiter offenbar anderes zu tun als eine nicht mehr benötigte Strecke beim Klassenfeind zu warten. Über alles legte sich eine dicke Schicht aus Rost, Fäulnis und Nostalgie, und wären die Gleise nicht kurz vor Toresschluss noch kräftig mit Unkrautvernichter bearbeitet worden, es wäre wohl alles rasch zugewachsen gewesen. So aber entstand ein nicht geplantes Freilichtmuseum zum Thema »Reichsbahn-Magistrale um 1935«.

Als »Installation« würde man das 7,2 km lange Objekt im Kunst-Jargon der Postmoderne wohl bezeichnen.

Die DDR brauchte zehn Jahre, ehe sie sich zu dem Angebot durchrang, das im Verkehrsvertrag zwischen Bundesrepublik und DDR 1972 festgeschriebene Recht, auf den 7,2 km – längst verkommener – Eisenbahn den Verkehr mit ihrer Reichsbahn zu führen, der Deutschen Bundesbahn zu übergeben. Die DB schlug ein und kündigte an, die Strecke umgehend stilllegen und das Gelände verkaufen zu wollen. Das war im Sommer 1988.

Gott sei Dank sind Käufer für Immobilien dieser Art nicht leicht zu finden, und so war die DB im Wende-Herbst 1989 in der glücklichen Lage, wieder unmittelbar über die hier genau 140 Jahre zuvor eröffnete Strecke verfügen zu können – der Abschnitt Gerstungen–Eisenach der Thüringischen Eisenbahn war am 25. September 1849 in Betrieb genommen worden. Zu dieser Zeit fuhren auch auf DDR-Gebiet unmittelbar westlich von Eisenach nur noch wenige Züge auf der alten Magistrale. Im Nahverkehr wurde noch die Station Automobilwerk Eisenach (AWE) – ein paar Meter weiter liegt der heutige Halt Eisenach-Opelwerk – bedient, das folgende Stück bis Wartha lag ebenso still wie der anschließende Abschnitt westlich der Grenze.

Innerhalb kürzester Zeit begannen 1990 die Aufräumarbeiten. Auf der alten Trassenführung entstand eine völlig neue zweigleisige Strecke nach modernstem DB-Standard. Der alte Überholbahnhof Wommen wurde komplett abgeräumt, Herleshausen vom Bahnhof zum

Auch im Umfeld großer Verkehrswege kann es idyllisch sein. Der Juli 2000 lädt zum Bade oder zu einer Bootstour auf der Werra ein, die unweit von hier die Hörsel aufnimmt. Auf der mit einer Betonwanne verstärkten alten Sandsteinbrücke begegnet uns der funkelnagelneue ICE-T, der mit seiner Neigetechnik auch die alte Strecke Frankfurt–Erfurt schneller machen soll.

Der Mai ist 1997 nach Hörschel gekommen und mit ihm der Löwenzahn und ein alltäglicher Zug mit einer Reichsbahn-143 auf der Brücke über die Werra. Während die Bahn beim Bau noch den Talgrund suchte, steht die Autobahn 4 langbeinig über den Dingen.

Haltepunkt degradiert und in Gerstungen die Hauptbahn wieder so umgebaut, dass die Züge direkt am Bahnhof entlang fahren können. Auch westlich von Gerstungen wurde die Strecke grundlegend erneuert, teils wie im Hönebach-Tunnel tiefer gelegt, weil in absehbarer Zeit die Elektrifizierung auf der Arbeitsliste stand.

Schon am 25. Mai 1991 konnte zunächst eingleisig der direkte Verkehr auf der Route Eisenach–Herleshausen–Gerstungen wieder aufgenommen werden, seit dem 27. September 1992 fahren wieder alle Reisezüge Gerstungen–Eisenach auf der traditionellen Route, die DDR-Neubaustrecke über den Dietrichsberg konnte stillgelegt werden. Zudem fahren die Reisezüge seither wieder direkt an den Gerstunger Bahnhof und müssen sich nicht nördlich am eigentlichen Bahnhof vorbei ihren Weg durch die riesigen Betonskulpturen der alten Grenzabfertigungsstelle suchen, die übrigens noch immer dort steht und Verfall und Vandalismus preisgegeben ist.

4.4.2.1 KBS 605 Verbindungskurve Bebra

Die zweigleisige Wiederherstellung der traditionsreichen Ost-West-Magistrale war aber nur der erste Schritt des gesamten Bauprogramms. Nun standen noch die Elektrifizierung der Magistrale Blankenheim Bbf./Bebra–Eisenach–Neudietendorf(-Erfurt) und die Wiederherstellung der Blankenheimer Verbindungskurve an. Ein weiterer Blick zurück: Bis 1914 mussten die Fernzüge der Relation Frankfurt(Main)/Fulda–Eisenach/Erfurt in Bebra Kopf machen. Zum 1. November 1914 wurde dann vor dem Südkopf von Bebra ein sich über insgesamt rund 5 km erstreckendes System von Verbindungskurven in Betrieb genommen, welches eine Umfahrung Bebras erlaubte. Praktisch alle großen Fernzüge der Relation Frankfurt/Fulda–Eisenach/Berlin machten von dieser Möglichkeit Gebrauch. Nach dem Zweiten Weltkrieg ver-

Neben der Neigetechnik der Baureihe 411 dient auch diese Brücke auf der die Züge der Richtung Eisenach-Frankfurt über die Stammstrecke Eisenach-Bebra geleitet werden, der Beschleunigung der Dinge zwischen der Eurometropole und der alten und neuen Hauptstadt, erspart sie doch den Zeit raubenden Umweg über Bahnhof Bebra samt Fahrtrichtungswechsel. Insofern vereint dieses Bild vom Mai 2001 gleich beide Konzepte für eine neue Bahn: Neue Strecken und Neigetechnik.

loren diese Verbindungsgleise – meistens »Blankenheimer Kurve« genannt, da sie im südlich von Bebra an der Fuldaer Strecke gelegenen Betriebsbahnhof Blankenheim aus den Stammgleisen abzweigen – schlagartig an Bedeutung. Bebra war zum Grenzkontroll- und Zoll-Bahnhof geworden, 1963 hatte zudem die Nord-Süd-Strecke der DB ihren Fahrdraht erhalten, kurzum: Lokwechsel bzw. ein längerer Aufenthalt waren in Bebra sowieso unvermeidlich. Die Verbindungsgleise blieben gleichwohl größtenteils liegen, auch wenn nun niemand mehr etwas mit ihnen anfangen konnte.

Der Wiederaufbau der Verbindungsgleise ging mit der Elektrifizierung der Strecke Bebra/Blankenheim–Eisenach–Neudietendorf Hand in Hand. Außer der prinzipiellen Trassenführung hat die neue Blankenheimer Kurve mit der alten nichts mehr gemein, alle Brücken, Durchlässe etc. wurden von Grund auf neu angelegt. Die Arbeit erleichtert hat den Bauingenieuren der Entschluss der DB, das Güterzuggleispaar aus dem bzw. zum Rangierbahnhof Bebra in/aus Richtung Eisenach aufzugeben, die Güterzüge dieser Relation müssen seitdem die Personenzuggleise benutzen, also von Bebra Rbf. in den Personenbahnhof zurückdrücken. Somit mussten also nur zwei Strecken optimal verknüpft werden, nicht mehr drei. Am 28. Mai 1995 ging die Verbindungskurve in Betrieb, zugleich wurde der elektrische Fahrdraht bis Neudietendorf durchgeschaltet. Beide Neuerungen erlaubten für Fernzüge zwischen Fulda und Eisenach eine Fahrzeitreduzierung von 40 Minuten. Das »Verkehrsprojekt Deutsche Einheit Nr. 7« war somit fertig gestellt.

4.4.3 KBS 612 Volkmarsen–Korbach Süd

Als zum 30. Mai 1987 auf den nordhessischen Nebenbahnen Volkmarsen–Korbach (29 km) und Korbach–Frankenberg (31 km) der Schienenpersonennahverkehr eingestellt wurde, wird wohl niemand vorausgesehen haben, wie schnell diese Maßnahme wieder auf dem Müll der Geschichte landen sollte: Am 4. Oktober 1998 nahm man zwischen Volkmarsen und Korbach den Verkehr wieder auf.

Viel verändert hatte sich an der Strecke in den Jahren der Stilllegung nicht, die auffälligsten Neuerungen betrafen noch die Stationen, die drastisch »zurückgebaut« wurden – die alten Bahnhofsgebäude waren längst anderweitigen Zwecken gewidmet, die alten Bahnsteige ersetzte man durch moderne Kurzbahnsteige –, vor allem den einst idyllischen Bahnhof Arolsen mit seiner kleinen Lok-Einsatzstelle und anderen Nebenbahn-Accessoires, wo bis auf ein Überholgleis so ziemlich alle anderen Nebengleise verschwanden. Selbst bei den Fahrzeugen tat sich zunächst nichts, bis Ende 2000 fuhren hier immer noch die auch früher schon typischen Garnituren aus Dieselloks der Reihe 216 bzw. 218 und – meistens nicht modernisierten – Silberlingen; nur die Schienenbusse, die kamen nicht zurück, statt ihrer tauchten nun Triebwagen der Baureihe 628 auf. Und dann wurde am 15. August 1999 sogar noch ein kleines Stück der Strecke nach Frankenberg reaktiviert, nämlich ein Kilometer zwischen dem (Haupt-) Bahnhof Korbach und Korbach Süd.

Aber das soll noch längst nicht alles gewesen sein. Ende 2000 präsentierte nämlich die Deutsche Bahn AG gemeinsam mit dem Land Hessen das Projekt »Kurhessenbahn«, welches nichts geringeres darstellen soll als den Beginn einer »Mittelstandsoffensive« der DB AG.

Arg gerupft wurden die Gleisanlagen in Arolsen mit der im Hintergrund sichtbaren ehemaligen Lokstation. In (oder vor) den letzten Zügen liegt auch die Baureihe 216, die auf der Strecke im Dezember 1998 ihr Gnadenbrot bekommt. Auch die Silberlinge hinter der Lok sind, mit und ohne Modernisierung, nicht mehr auf dem letzten Stand der Technik.

Mit anderen Worten: In Nordhessen, das hier historisch nicht ganz korrekt mit Kurhessen gleichgesetzt wird, will die privatisierte Staatsbahn modellhaft vorführen, was sie leisten kann, wenn sie von alten Fesseln befreit ist. Auf dem als Profit-Center betriebenen kurhessischen Nebenbahnsystem sollen die Entscheidungen über Investitionen, Personaleinsatz, Betriebsdetails und ähnliche Dinge vor Ort und unabhängig von den weit entfernten Bahn-Zentralen in Frankfurt oder gar Berlin getroffen werden, wobei die DB jedoch darauf verzichten will, eine eigene Tochtergesellschaft wie etwa im Falle der Usedomer Bäderbahn (vgl. Abschnitt 2.3.1) auszugründen. Und »Mittelstandsoffensive« wird das Ganze deshalb genannt, weil man bei der DB davon ausgeht, dass die Verlagerung der Entscheidungskompetenz dazu führen wird, dass etwa bei Bauinvestitionen nicht der DB-Hauslieferant von früher, sondern der günstige Unternehmer von nebenan den Zuschlag erhalten wird. Wie gesagt, die Kurhessenbahn ist in der Realität noch ein gutes Stück von einem Musterbetrieb entfernt, aber wenn sie denn demnächst einer sein sollte, werden sich alle weiteren 36 regionalen Netze und zehn für eine ähnliche Umstrukturierung vorgesehene Einzelstrecken der DB daran ein Beispiel nehmen können, ja müssen.

Nun wäre noch zu klären, was sich hinter dem Begriff Kurhessenbahn verbirgt: Rund 260 Streckenkilometer der DB, nämlich die derzeit im Personenverkehr bedienten Linien (Kassel–) Obervellmar–Volkmarsen–Korbach, Frankenberg–Cölbe (–Marburg) mit der Zweigstrecke Sarnau–Erndtebrück sowie Wabern–Bad Wildungen; reaktiviert werden sollen die Strecken Korbach–Willingen (–Brilon Wald), Korbach Süd–Frankenberg, Frankenberg–Battenberg und Wallau–Breidenbach. Auf den beiden letztgenannten Stichstrecken wird es, wenn über-

Fast alle Triebwagen der heutigen Kurhessenbahn sind seit Jahren in einem unglaublichen äußeren Zustand. Entweder ist kein Geld da, sie vom Graffiti zu befreien, oder es gibt in Nordhessen eine besonders aktive Graffiti-Szene. Dass es den gerade frisch rot lackierten 928 228 erwischt hat, spricht eher für Letzteres. Der Bahnhof Korbach Süd wirkt im April 2001 recht schmuck; auf dem vorderen rostigen Gleis hielten früher die Züge von und nach Bad Wildungen.

haupt, nur Güterverkehr geben, die Sache muss noch durchgerechnet werden. Bis 2006 soll auf den Strecken mit Personenverkehr die Höchstgeschwindigkeit Schritt für Schritt auf 80 km/h heraufgesetzt werden (heute 60 km/h), wo dies möglich ist gar auf 100 km/h; der Takt soll verdichtet, neues Fahrzeugmaterial beschafft und neue Leit- und Sicherungstechnik installiert werden. Insgesamt benötige die Kurhessenbahn Investitionen von etwa 195 Millionen Mark, hat die DB ausgerechnet.

Natürlich werden Land und Bund den Löwenanteil übernehmen müssen. Gleichzeitig hat das Land schon deutlich gemacht, dass man sich zwar über die Initiative der DB natürlich freue, DB Regio aber nicht damit rechnen dürfe, bei der Bedienung ihrer Strecken stets den Zuschlag zu erhalten. Das ist der DB nicht neu: Auf ihrer Kurhessen-Strecke Wabern–Bad Wildungen fährt schon lange nicht mehr sie selbst, sondern die Hessische Landeseisenbahn.

4.4.4 Straßenbahnlinie 4 Kassel Kaufungen Papierfabrik–Helsa

Rund um die kurhessische Metropole Kassel fährt nicht nur die Deutsche Bahn AG eine (Mittelstands-) Offensive. Auch der örtliche Straßenbahnbetreiber Kasseler Verkehrs-Gesellschaft (KVG) und die Kassel-Naumburger Eisenbahn (KNE), die ihren eigenen Personenverkehr an sich schon vor Jahren aufgegeben hatte und ihr Brot heute mit der Bedienung des Baunataler Volkswagenwerks verdient, beschreiten kraftvoll neue Wege. Eine gemeinsame Tochter von KVG und KNE, die Regionalbahn Kassel (RBK), übernahm die Betriebsführung der so genannten Regiotram, die die Straßenbahn-Infrastruktur Kassels mit dem Eisenbahnnetz der Umgebung – und das sind in erster Linie DB-Strecken – verknüpfen soll, so wie dies in Karlsruhe und Saarbrücken ebenfalls geschieht.

Von Dreischienengleisen war schon die Rede. Diese Vierschienengleise an der Haltestelle Kaufungen DRK-Klinik sollen die Stadtbahnwagen näher an den Bahnsteig heranbringen bzw. die Güterzüge vom Bahnsteig fern halten. In einer Station der Strecke liegen sogar sechs Schienen ineinander verschachtelt (Aufnahme vom 18.10.2001).

Am alten Bahnhof Kaufungen fahren jetzt nicht mehr die 216er mit Silberlingen, sondern moderne Ein- oder Zweirichtungs-Stadtbahnwagen der RBK vorbei und manchmal auch ein Güterzug. Am 18.10.2001 ist Wagen 632 erst am Anfang seiner langen Reise nach Mattenberg.

Im Sommer 2001 wurde mit der Wiederinbetriebnahme des ersten Teilstücks der Lossetalbahn, also der von der Deutschen Bundesbahn 1985 im Personenverkehr eingestellten Nebenbahn nach Eschwege, ein in der Fachwelt weit beachtetes Musterstück für die Regiotram präsentiert: Seit dem 10. Juni 2001 bieten die blauen Niederflur-Stadtbahnwagen der RBK auf der bis Helsa aus- und umgebauten ehemaligen DB-Nebenbahn einen Regionalverkehr modernster Prägung an. Die Stadtbahnlinie 4 fährt von Helsa über Kaufungen Industriestraße, wo sich Stadtbahn und Eisenbahn trennen, über Königsstraße/Fußgängerzone und Wilhelmshöhe nach Mattenberg und zurück. Die alte Trasse ist dafür größtenteils mit zwei Streckengleisen ausgestattet und natürlich elektrifiziert worden, teilweise – vor allem in Oberkaufungen – nehmen die Stadtbahnen zur besseren Erschließung von Siedlungen, Schulen etc. auch ganz andere Wege als die alte Strecke, die aber in diesen Bereichen nach wie vor vorhanden ist. Ab 2003 soll dann nach entsprechendem Aus- bzw. Umbau der am 1. Dezember 1879 von den Preußischen Staatseisenbahnen eröffneten Strecke der Regiotram-Verkehr um weitere neun Kilometer bis Hessisch Lichtenau ausgedehnt werden.

All das gehörte nicht in dieses Buch, wenn wir es ausschließlich mit einer ins Umland verlängerten Stadtbahn, de jure also einer Straßenbahn, zu tun hätten. Nun ist es aber so, dass über die Lossetalbahn auch weiterhin Güterzüge fahren, nämlich Braunkohlentransporte von der Grube Epterode am Meißner via Walburg zum Kraftwerk Kassel. Auf denjenigen Abschnitten, auf denen Stadtbahnen und Güterzüge die gleichen Gleise benutzen, gilt damit nach wie vor die Eisenbahn-Bau- und Betriebsordnung (EBO), auf den nur von der Stadtbahn genutzten Abschnitten die Betriebsordnung für Straßenbahnen (BOStrab), denn hier nutzen die Güterzügen noch die alte Trasse. Es würde den Rahmen dieses Buches sprengen, wenn man die Sache noch detaillierter darstellen wollte, jedem Eisen- und Straßenbahnfreund sei – nicht nur deshalb – ein Besuch der Lossetalbahn wärmstens empfohlen.

4.4.4.1 Straßenbahnlinie 5 Kassel Baunatal-Baunsberg–Baunatal-Großenritte

Ähnliches wie im Lossetal hatte sich in einem bescheideneren Rahmen bereits sechs Jahre früher zugetragen, und zwar im Südwesten Kassels bzw. in der Nachbargemeinde Baunatal; allerdings war dies über einen kleineren Expertenkreis hinaus nicht sonderlich beachtet worden. Es ging damals um die Verlängerung der Kasseler Straßenbahn um rund 5,5 km über Mattenberg hinaus bis Baunatal, was für Baunatal selbst wie für das dortige VW-Werk mit seinen Tausenden von Beschäftigten einen mächtigen Fortschritt beim ÖPNV bedeutete. Diese Verlängerung besteht aus 1,5 km Straßenbahn-Neubaustrecke und einem anschließenden etwa 4 km langen Abschnitt, auf dem sich Stadtbahn und Kassel-Naumburger Eisenbahn (KNE) seit dem 27. Mai 1995 die Gleise teilen und deshalb die EBO gilt. Mit anderen Worten: Auf der Eisenbahntrasse fährt die KVG/RBK mit ihrem Straßenbahnen jetzt »eisenbahnmäßig« bis zum ehemaligen Bahnhof Großenritte der KNE. Dort stören die modernen blauen Niederflurwagen andere Schienenfahrzeuge kaum, denn auf der KNE-Stammstrecke Kassel-Wilhelmshöhe–Naumburg, deren Eröffnung man am 28. Oktober 1903 gefeiert hatte, ist der reguläre Personenverkehr bereits am 4. September 1977 eingestellt worden.

Mit den in großer Zahl verkehrenden VW-Zügen gibt es ebenfalls keine Probleme, die fahren im von der Straßenbahn mitbenutzten Abschnitt normalerweise nicht. Andere Güterzüge sind auf der KNE eher selten, dennoch lassen sich häufiger die mächtigen Loks der kleinen Bahngesellschaft im Zweisystem-Abschnitt beobachten, weil ihre Wartung in der Werkstatt Großen-

Kaum zu glauben, was aus der guten alten Kassel-Naumburger Eisenbahn mit ihren Dampf-Fünfkupplern und dem rundlichen Henschel-Triebwagen geworden ist. Im Juni 2001 begegnen sich in Baunatal Mitte die ziemlich eckigen KVG-Wagen 455 und 463. Von diesem Typ besitzt sogar die KNE zwei Exemplare. Aber eckig ist schon wieder out. Wer sehen will, wie es weiterging, der schaue auf die zwei Bilder zuvor.

Damit nach so viel Tram der Leser nicht entwöhnt wird, sei auch ein Blick auf die »richtige« Eisenbahn gewährt und damit auf eine Ursache für all die Vier- und Sechsschienengleise. Mit zweien dieser Ungetüme, die aus älteren Deutz-Sechsachsern modernisiert wurden, fährt die KNE für Volkswagen. Am 11.9.1992 sonnte sich DG 201 untätig am Werkszaun in Baunatal.

ritte jenseits der Straßenbahn-Wendeschleife erfolgt. Und dann sind da natürlich auch noch die Dampfsonderzüge des »Hessencourriers«, die seit Jahr und Tag Eisenbahnfreunde von Kassel-Wilhelmshöhe nach Naumburg und zurück bringen und auf diese Weise für Dampf unter der Straßenbahnoberleitung sorgen.

4.4.5 KBS 637 Grävenwiesbach–Brandoberndorf

Das Einzugsgebiet der Mainmetropole Frankfurt reicht bis tief in den Taunus. Im Grünen gut wohnen und in Glas und Beton gut verdienen, das hat schon etwas – wenn nur die Probleme bei der Anreise nicht wären! Aber dagegen lässt sich etwas tun, und der Rhein-Main-Verkehrsverbund (RMV) sorgt, unterstützt oder angetrieben von den Kommunen, in Süd- und Mittelhessen dafür, dass auch etwas getan wird. In diesem Fall heißt das: Am 15. November 1999 wurde der bis dahin in Grävenwiesbach endende Verkehr der Linie 15 des Verkehrsverbandes Hochtaunus um 8,1 km bis Brandoberndorf verlängert, nun kann man auch aus diesem stillen Winkel per Bahn bequem und häufig – in Spitzenzeiten halbstündlich – bis Bad Homburg vor der Höhe, mit manchen Zügen sogar ohne Umsteigen direkt bis in den Frankfurter Hauptbahnhof fahren.

So ganz neu ist das Thema Eisenbahn für Brandoberndorf nicht. Das beschauliche Dorf hatte bereits am 1. November 1912 einen Eisenbahnanschluss erhalten, als die Preußisch-Hessischen Staatseisenbahnen die Nebenbahn von Albshausen – das liegt an der Lahntalbahn Wetzlar–Limburg – nach Grävenwiesbach in Betrieb nahm; Grävenwiesbach wiederum war damals bereits ein Eisenbahn-Ort, nämlich seit Eröffnung der Nebenbahn von Weilburg im Lahntal nach Usingen (–Bad Homburg) am 1. Juni 1909.

Aus heutiger Sicht muss man den Bau der Strecke Albshausen–Grävenwiesbach als durchaus erstaunlich bewerten, denn viel Verkehr wird hier niemand erwartet haben. Gleichwohl ließ sich die Strecke nicht realisieren, ohne dass bei Hasselborn ein imposanter Tunnel geschlagen wurde, übrigens mit einem Querschnitt, der sogar eine Elektrifizierung zugelassen hätte. Mit seiner Länge von genau 1300 m war er für einige Jahre der

Solche Aufnahmen empfehlen sich nur nach genauer Rücksprache mit dem Triebfahrzeugpersonal, denn der Zug hält heute nicht mehr am ehemaligen Bahnsteig des Bahnhofs Hasselborn. VT 2E 11 wird am 1.4.2000 seine Fahrt gleich fortsetzen, um dann am regulären neuen Haltepunkt von Hasselborn erneut zu halten. Anders als ausgeschildert fährt der Zug Richtung Bad Homburg.

So wie hier in Brandoberndorf erhielten alle Stationen der Strecke neues Bahnsteigmobiliar. Auch hier liegt das alte Empfangsgebäude etwas abseits im Hintergrund. Die laufenden Motoren der wendenden Züge – hier am 1.4.2000 VT 2E 11 – haben schon zu Anwohnerbeschwerden geführt; einen ähnlichen Fahrzeugtyp kennen wir bereits von der AKN.

längste in Betrieb befindliche Nebenbahntunnel der Bundesbahn, ehe er mit der Einstellung der Verbindung Grävenwiesbach–Albshausen aus dem Betriebsbestand ausschied; der Personenverkehr endete hier am 31. Mai 1985, zwischen Grävenwiesbach und Brandoberndorf endete damit auch der Gesamtbetrieb.

Heute werden Tunnel und Strecke also wieder genutzt, wobei jedoch davon auszugehen ist, dass eine Reaktivierung des teilweise abgebauten Reststücks Brandoberndorf–Albshausen vermutlich nicht stattfinden wird. Zu gering ist der mögliche Nutzen, mit zunehmender Entfernung vom Ballungsraum wird es für Frankfurt-Pendler nämlich ganz einfach günstiger, an der Main-Weser-Bahn in den Zug zu steigen. Ernstlich im Gespräch ist hingegen eine Reaktivierung der 1967 eingestellten Verbindung Grävenwiesbach–Weilmünster. Mal sehen, was die Attraktivität Frankfurts noch so alles Wirklichkeit werden lässt.

4.5 Nordrhein-Westfalen, Rheinland-Pfalz und Saarland

4.5.1 KBS 407/412 Gronau (Westf)–Enschede

Wer hätte wohl an ein solches Comeback gedacht! Auf ganze zehn Reisende pro Tag war, so die damalige Bundesbahn, bis 1980 die Inanspruchnahme der grenzüberschreitenden Strecke zwischen dem nordwestfälischen Gronau und der niederländischen Stadt Enschede gesunken. Weder die Deutsche Bundesbahn noch die Niederländischen Staatseisenbahnen (*Nederlandse Spoorwegen* – NS) werden der zum 27. September 1981 auf Busbedienung umgestellten Verbindung also eine Träne

Aus Anlass der Wiedereröffnung der Strecke hat man einige 624 und 643 mit gelben Folien »Dag Enschede – Hallo Gronau« beklebt, so wie hier 643 075 am 8.12.2001 in Glanerbrug.

Als vor langer Zeit der Verkehr nach Enschede eingestellt wurde, liefen dort die Triebwagen der Baureihe 624. Rund zwei Jahrzehnte später sind sie wieder da und tragen auch wieder wie damals rote Farbe. Am 8.12.2001 steht neben dem 624 643 in Enschede der niederländische Museumstriebwagen 273 (Materieel ´46).

nachgeweint haben. Auch im Güterverkehr wurde die Verbindung nicht mehr gebraucht, da gab und gibt es leistungsfähigere Routen, voran die nur ein paar Kilometer weiter nördlich liegende elektrifizierte Hauptbahn Rheine–Hengelo, auf der bekanntlich auch der Fernreiseverkehr lastet.

Dass auf der am 15. Oktober 1875 von der Münster-Enscheder bzw. Dortmund-Gronau-Enscheder Eisenbahngesellschaft eröffneten Strecke seit dem 18. November 2001 wieder Züge verkehren – bei Drucklegung des Kursbuches 2001/02 war noch der 23. September 2001 als Eröffnungstag vorgesehen gewesen –, ist natürlich in erster Linie auf das Zusammenwachsen der grenznahen Gebiete zurückzuführen. Zoll- und Passkontrollen oder ähnliche Dinge gibt es nicht mehr, zahlreiche Bundesbürger aus der »strukturschwachen« Region Gronau – die hier einst in höchster Blüte stehende Textilindustrie ist nur noch ein Schatten ihrer selbst – haben in den Niederlanden, wo händeringend Arbeitskräfte gesucht werden, einen Job gefunden, die Hochschulen des Münsterlandes kooperieren mit denen der niederländischen Nachbarn, weitere Beispiele gibt es genug. Selbst die Zahlungsmittel sind bekanntlich inzwischen identisch. Und dass der niederländische Staat als notorischer Verfechter des Schienennahverkehrs gilt, wird ebenfalls eine Rolle gespielt haben.

Insgesamt ließen sich die Niederländer die Reaktivierung der Strecke etwa neun Millionen Euro kosten, zwei Millionen kamen von der EU, zusammen gut drei Millionen Euro vom Land Nordrhein-Westfalen, dem Bund und DB Netz. Der Betrieb der auf »Euregio-Bahn« getauften Verbindung wird von DB Regio AG geführt, zum Einsatz kommen Talent-Triebwagen (VT 643) auf der Verbindung Enschede–Münster (KBS 407) und (vorerst noch) VT 624 auf der Verbindung Enschede–Coesfeld (KBS 412). Zwischen Enschede und Gronau wird damit zu den Hauptverkehrszeiten ein Halbstundentakt geboten. Da heißt es Daumen drücken, dass Wunsch und Wirklichkeit – sprich: Angebot und Nachfrage – nicht längerfristig weit auseinander klaffen werden.

KBS 450.28 Kaarst–Kaarster See siehe Abschnitt 2.2.3 S-Bahn Rhein-Ruhr

4.5.2 KBS 482 Herzogenrath–Landgraaf

Nordrhein-Westfalen ist das einwohnerreichste Bundesland. In diesem Buch spielt es jedoch nur eine Nebenrolle. Hauptsächlich zwei Umstände sind dafür verantwortlich. Zum einen hat sich das Nebenbahnsterben im letzten Drittel des 20. Jahrhunderts hier vor allem solche Strecken ausgesucht, die weitab der Ballungsräume liegen und sich deshalb heute nicht unbedingt als Reaktivierungskandidaten empfehlen. Zum anderen hat NRW seine Aus- und Neubau-Energie im Wesentlichen auf die neuen S-Bahn-Systeme an Rhein, Ruhr und Wupper konzentriert (siehe Abschnitt 2.2.3). So kommt es, dass in diesem Hauptkapitel, in welchem es um reaktivierte Strecken geht, nur drei unter die Rubrik NRW fallende Verbindungen auftauchen – und zwei davon liegen zudem noch großenteils in den Niederlanden.

Letzteres betrifft neben der oben behandelten Strecke Gronau–Enschede diejenige von Herzogenrath an der Hauptbahn Aachen–Mönchengladbach nach Heerlen. Diese Verbindung wurde am 30. April 1896 eröffnet und anfänglich durchgehend bis Herzogenrath von der Niederländischen Süd-Eisenbahn-Gesellschaft mit Sitz in Maastricht betrieben, weil auf deutscher Seite nur 1,4 Streckenkilometer liegen. Erst mit dem 1. Oktober 1928 wurde der deutsche Streckenteil der zuvor in den Niederländischen Staatseisenbahnen aufgegangenen Verbindung der Deutschen Reichsbahn übertragen.

Noch bis ins zweite Drittel des 20. Jahrhunderts war die Region um Herzogenrath und Heerlen geprägt vom Steinkohlenbergbau und daran angeschlossenen Industriezweigen. Auch die Nebenbahn von Herzogenrath in die niederländische Provinz Limburg diente seit dem Zweiten Weltkrieg nur noch dem Montan-Güterverkehr. Mit dem Verfall dieser Industrien schien auch das Ende der Nebenbahn gekommen zu sein. Allerdings wurde diese Entwicklung durch eine andere aufgefangen, nämlich das grenzüberschreitende Zusammenwachsen der

Bis zur Lieferung der vorgesehenen zweiteiligen Talent-Triebwagen haben dreiteilige dieselelektrische Talent der Baureihe 644 den Verkehr übernommen. Unter der holländischen Gleichstromfahrleitung im Bahnhof Heerlen wartet im Juni 2001 eine Garnitur auf die Rückfahrt nach Stolberg Altstadt. Ein blauer Aufkleber weist einige Züge als »die euregiobahn« aus.

Stolberg Mühlener Bahnhof ist eine der drei Zwischenstationen des Streckenastes Stolberg Hbf–Stolberg Altstadt. Für die ersten Schüler ist um 12.36 Uhr bereits der Schultag beendet, und mit dem Talent geht es jetzt zu Mutterns Mittagstisch (Juni 2001).

Regionen im Aachener Dreiländereck. Im Straßenverkehr machen sich die Grenzen schon lange kaum noch bemerkbar, nur der Schienenverkehr zwischen den beiden größten Städten, Aachen und Heerlen, befand sich auch gegen Ende des 20. Jahrhunderts noch auf Null-Niveau. Und nicht nur das: Der Personenverkehr auf der Nebenbahn Aachen West–Simpelveld (–Maastricht), der einzigen Strecke von Aachen in die Niederlande, kümmerte vor sich hin, gegen die Straße hatte diese ungünstig trassierte Verbindung keine Chance.

Erfreulicherweise zeigten sich Deutsche Bundesbahn und *Nederlandse Spoorwegen* bereit, die Linie Aachen–Maastricht nicht ersatzlos zu streichen, sondern als (höherwertigen!) Ersatz die Verbindung Herzogenrath–Heerlen für den Personenverkehr neu aufzupäppeln. So geschah es: Am 30. Mai 1992 fuhren die letzten Züge über die alte Strecke nach Maastricht, tags darauf pendelten die altertümlich ausschauenden holländischen DE-2-Dieseltriebwagen erstmals via Herzogenrath auf der neuen Route Aachen–Heerlen.

4.5.2.1 KBS 482 Stolberg Hbf–Stolberg Altstadt

Seit jenem 31. Mai 1992 sind die Bande noch enger geworden. Die gesamte Region versteht sich zunehmend als gemeinsamer Teil Westeuropas, alte Grenzen, Animositäten und sonstige Hindernisse treten mehr und mehr in den Hintergrund. Das macht auch das Konzept der neuen »Euregiobahn« des Aachener Verkehrsverbundes deutlich, dessen erste Stufe mit dem Fahrplanwechsel im Frühjahr 2001 in Kraft getreten ist. Seitdem rollen im Auftrag des AVV moderne Talent-Triebwagen der DB im Stundentakt zwischen Aachen und Heerlen.

Für diese Züge ist der Aachener Hauptbahnhof keineswegs Endstation. Die Talente fahren seit dem 10. Juni 2001 gleich weiter über die Magistrale Richtung Köln bis Stolberg Hbf, ändern dort ihre Fahrtrichtung – übrigens nicht am Bahnsteig, sondern 200 m weiter im alten Rangierbahnhof – und setzten ihre Tour auf rundum Stolberg Altstadt.

Dieser Bahnhof hieß früher Stolberg Hammer und liegt an der am 21. Dezember 1889 von der KPEV eröffneten Vichtbachtalbahn nach Walheim. Obwohl der Personenverkehr Stolberg–Walheim schon am 31. Dezember 1961 eingestellt worden war, hatte diese Strecke – sie führt über Walheim durchs belgische Venn via Eupen bis Welkenraedt – nicht zuletzt aus militärstrategischen Gründen überlebt.

Übrigens halten die weiteren Stufen des Euregiobahn-Konzeptes bis 2005 zusätzliche Reaktivierungen und Neubauabschnitte bereit, nämlich die der Strecken Herzogenrath–Alsdorf–Mariadorf–Aachen City sowie Stolberg Hbf–Eschweiler Talbahnhof–Weisweiler–Langerwehe. Auf diesen Routen – sofern sie nicht ganz neu gebaut werden – war der Verkehr von der Bundesbahn Anfang der Achtzigerjahre aufgegeben worden. Kurzum: Ganz im Westen des Landes Nordrhein-Westfalen wird beim Schienenverkehr nicht am falschen Ende gespart!

4.5.3 KBS 477 Kreuzberg–Ahrbrück

»Ein Land spart Zeit – Rheinland-Pfalz-Takt«. Unter diesem Motto setzte sich 1994 – mehr oder weniger plötzlich und unerwartet – die aus Sozial- und Freidemokraten gebildete Mainzer Landesregierung an die Spitze der Erneuerer des Eisenbahn-Regionalverkehrs in Deutschland. Und da steht sie immer noch.

Natürlich hatten bzw. haben die Herren Scharping und Beck, Brüderle und Bauckhage gute Gründe, sich intensiv um das Eisenbahnnetz ihres Bundeslandes zu kümmern. Bis in die Achtzigerjahre hatte hier die Stilllegungswelle ganz beträchtlichen Flurschaden angerichtet, die Bevölkerung des relativ dünn besiedelten Landes schien sich ganz auf das Auto konzentrieren zu wollen, die Regierung hatte nichts dagegen. Aber das ging natürlich nicht lange gut, denn etwa zeitgleich setzte eine

Endstation der Wiederverlängerung der Strecke aus Remagen ist Ahrbrück, auch wenn am 2.5.2001 eine Sh2-Scheibe das Streckenende nur provisorisch sichert. Stammfahrzeug auf der Ahrtalbahn ist heute der Talent, allerdings in der dieselmechanischen Variante (643 025). Modernes Bahnsteigmobiliar und ein altes Vorsignal bereichern das Ambiente.

Bewegung in der Wirtschaftsstruktur ein, in deren Folge sich immer mehr Arbeitsplätze auf den Großraum Mainz/Wiesbaden/Frankfurt konzentrierten. Noch mehr Menschen mussten noch weitere Wege mit noch mehr Autos zurücklegen, das Verkehrschaos gehörte bald zum Alltag, mit dem Straßenbau kam man da gar nicht schnell genug nach. In logischer Folge wurde die Eisenbahn wiederentdeckt.

Beginnend im Dreieck Bingen/Alzey/Mainz sowie im Süden des Landes, also in der Pfalz, wurde nun damit begonnen, den Integralen Taktfahrplan, der eine optimale Abstimmung des ÖPNV bei zugleich häufigen und einprägsamen – weil vertakteten – Fahrzeiten bietet, landesweit aufzubauen. Ein solch ehrgeiziges Ziel hatte es bis dahin in keinem deutschen Flächenland gegeben.

Ein weiteres Element des Zeitspar-Programms war neben der Beschaffung moderner Fahrzeuge – eine zentrale Rolle spielt dabei die Neigetechnik – die Wiederinbetriebnahme von Eisenbahnstrecken für den Personenverkehr. Auch in dieser Hinsicht setzte sich Rheinland-Pfalz an die Spitze der Bewegung, zehn Strecken bzw. Abschnitte kehrten zwischen 1994 und 2001 ins Kursbuch zurück. Darin nicht mitgerechtet sind die für den Rheinland-Pfalz-Takt wieder in Betrieb genommene Verbindung Enkenbach–Kaiserslautern, die ohne Halt durchfahren wird, und die Kurve Hochspeyer; auf beide wird im Kapitel 5 eingegangen. Die nördlichste von ihnen ist zugleich die kürzeste: das nur 2 km messende Stück von der bisherigen Endstation Kreuzberg der Ahrtalbahn nach Ahrbrück, wo seit dem 1. Juli 1996 wieder planmäßige Züge fahren.

Elf Jahre und einen Monat früher: Am 1. Juni 1985 brummte zum letzten Mal eine V 100 mit ihren Silberlingen über Kreuzberg hinaus das Ahrtal hinauf bis Adenau. Die Strecke war der Konkurrenz auf Gummireifen nicht mehr gewachsen, längst waren große Teile des einst aus strategischen Gründen gebauten bzw. erweiterten Komplexes der Ahrtalbahnen, etwa die zwischen Kreuzberg und Adenau in Dümpelfeld abzweigende Strecke Richtung Jünkerath, stillgelegt worden. Auch die untere Ahrtalbahn war zwischen Dümpelfeld und Remagen aus strategischen Gründen noch zweigleisig ausgebaut und teilweise neu trassiert worden, oberhalb von Dümpelfeld bis zum Sackbahnhof Adenau jedoch hatte man alles beim Alten gelassen. Wobei sich alt auf die Eröffnungszeit bezieht, am 15. Juli 1888 war der Abschnitt Altenahr–Kreuzberg–Adenau in Betrieb genommen worden. Alt, aber auch nach über hundert Jahren noch gut zu gebrauchen – so ist das nun mal bei Eisenbahnen.

4.5.4 KBS 478 Mayen West–Kaisersesch

Schienenpersonennahverkehr (SPNV) in Deutschland, das ist eine verzwickte Angelegenheit. Am Anfang steht dabei das Problem, dass praktisch nirgends die Kosten auch nur annähernd aus dem Verkauf von Fahrkarten gedeckt werden können. Weil SPNV trotzdem aus vielerlei guten Gründen als gesamtgesellschaftlich wichtige Veranstaltung gilt, wird aus öffentlichen Kassen subventioniert. Im Eisenbahnverkehr geschieht dies seit Mitte der Neunzigerjahre mit den so genannten Regionalisierungsmitteln; das sind derzeit etwa 6,5 Milliarden Euro pro Jahr, die im Wesentlichen aus der Mineralölsteuer stammen und vom Bund an die Länder weiter gereicht werden, damit diese Länder das Geld nach unten an die eigentlichen Aufgabenträger – Zweckverbände, Verkehrsverbünde etc. – verteilen können.

Die Aufgabenträger bestimmen, was und wo mit dem Geld gefahren wird; und sie bestimmen auch, wer fährt. In der Regel wird eine bestimmte Strecke oder ein bestimmtes (Teil-) Netz ausgeschrieben, der günstigste Anbieter bekommt den Zuschlag. Und muss dann sehen, dass er mit seinem günstigen Angebot auf seine Kosten kommt, kann aber – eine vertragsgemäße Bedienung der Strecke vorausgesetzt – auch sicher sein, dass er das ausgehandelte Salär erhält. Kurzum, wer hier als Eisenbahnverkehrsunternehmen pfiffig und klug rechnend zu Werke geht, kann durchaus einen Gewinn für sich erwirtschaften.

Bei Straßen-, Stadt- und U-Bahn sieht das alles etwas anders aus. Hier war es traditionell so, dass die Defizite der Verkehrsbetriebe von den meistens unter dem gemeinsamen Konzerndach – das sind in der Regel die jeweiligen Stadtwerke – beheimateten Stromversorgern durch deren Überschüsse ausgeglichen wurden, entsprechendes gilt für Wasser, Gas oder Fernwärme. Dieses Verfahren führte nicht immer zu größter Sparsamkeit, hielt aber den städtischen Nahverkehr bei Kasse. Um so schlimmer war der Schock, als zum einen die Europäische Union (EU) sich entschloss, diesem so genannten Querverbund einen Riegel vorzuschieben. Was aus öffentlichen Kassen subventioniert wird, muss künftig ausgeschrieben werden und kann nicht mehr einfach

Fast so wie in den Spitzkehrenbahnhöfen Erdbach oder Kleinschmalkaden wirkt die Gleisanlage im Bahnhof Kaisersesch. Doch hier bildet der aufwärts führende Streckenast lediglich ein Anschlussgleis und nicht die weiterführende Strecke. Am 2.5.2001 nähert sich Transregio-Triebwagen VT 001 dem (vorläufigen?) Endpunkt.

Kaum noch zu erkennen ist am 2.5.2001 das alte Bahnhofsgebäude von Kaisersesch, dem man auf beiden Seiten moderne Anbauten spendiert hat. Vor dem heutigen Wohnhaus parkt der Regio-Shuttle VT 001 der Firma Transregio sozusagen als Zweitwagen der Bewohner.

der Verkehrssparte im eigenen Stadtwerke-Hause zugeschanzt werden. Zum anderen liberalisierte die EU – und das ist der größte Knackpunkt – den Strommarkt. Nun brachen die Überschüsse aus dem Stromgeschäft weg, viele Verkehrsbetriebe stehen plötzlich ziemlich hilflos da und sind mit Rücksicht auf die Kassen ihrer Eigentümer – letztlich sind das die Städte – gezwungen, Kosten zu senken und neue Einnahmequellen zu erschließen. Letzteres kann beispielsweise so aussehen, dass ein Straßen- bzw. Stadtbahnbetrieb sein Know-how im Schienenverkehr anderswo einbringt, etwa im Eisenbahn-Nahverkehr, weil dort wie erläutert durchaus Gewinne eingefahren werden können.

Ein solcher traditioneller Straßenbahnbetrieb, der heute in neuen Revieren auf Geld-Jagd geht, ist die Düsseldorfer Rheinbahn. Gemeinsam mit der Trierer Moselbahn GmbH – Eigentümerin des einst legendären »Säuferbähnchens« – gründete die Rheinbahn die »Trans Regio Deutsche Regionalbahn GmbH«. Trans Regio bedient (derzeit 2002) die weiterhin der DB gehörenden Strecken Kaiserslautern–Landstuhl–Kusel, Bullay–Traben-Trarbach und Andernach–Kaisersesch.

Womit wir endlich beim eigentlichen Thema dieses Abschnitts wären. Denn als Trans Regio mit dem Fahrplanwechsel im Frühjahr 2000 an den Start ging, führte die Kursbuchstrecke 478 von Andernach im Rheintal lediglich bis Mayen West. Erst seit dem 7. August 2000 reicht die »Pellenz-Eifel-Bahn« wieder weit in die Eifel hinein bis Kaisersesch.

Dank des Engagements des Landes Rheinland-Pfalz und der Züge von Trans Regio ist damit eine der schönsten Eisenbahnstrecken der Eifel wenigstens teilweise wieder zum Leben erwacht; für den anderen Teil, also Kaisersesch–Gerolstein, wurden im Sommer 2001 immerhin einige Ausflugsfahrten angeboten. Am 11. Januar 1991 hatte die Bundesbahn auf einen Schlag zwischen Mayen West und Gerolstein auf 68 km der so genannten Eifelquerbahn den Schienenpersonenverkehr eingestellt. Die windungsreiche Strecke – eröffnet am 15. Mai 1895 von den Preußischen Staatseisenbahnen – war zur Erschließung des vor allem von Holz und Steinen lebenden Raumes nicht mehr nötig, im Personenverkehr war sie gegen das Auto und gegen die nebenan liegende Autobahn Koblenz–Trier chancenlos. Nur der Abschnitt östlich von Kaisersesch war nach wie vor nicht ohne Potenzial, denn je näher man dem Rheintal kommt, desto voller werden die Straßen. Angesichts dieser Tatsache kommen sogar Gedanken an eine weitere Eifelstrecke auf, nämlich diejenige von Mayen Ost nach Koblenz. Aber das ist derzeit Spekulation.

4.5.5 zu KBS 661 Alzey – Kirchheimbolanden

Und noch ein weiterer Neuling bekam mit dem Rheinland-Pfalz-Takt seine Chance. Eurobahn ist sein Name, und dahinter stehen zwei Giganten des europäischen Verkehrsmarktes: mit 51 Prozent der deutsche Speditions- und Logistikkonzern Rhenus, der mit seiner ehemaligen Tochter Bahngesellschaft Waldhof ins Schienen-Geschäft gekommen war, sowie die französische Keolis S.A. (Paris), mit 49 Prozent der Anteile; und hinter der Keolis stehen der Geld-Riese Banque PNB Paribas und – die französische Staatsbahn SNCF!

Schlagzeilen machte die Eurobahn, als sie zum Fahrplanwechsel im Sommer 2000 den Nahverkehr auf den Kursbuchstrecken 386 (Bielefeld–Rahden) und 404 (Bielefeld–Lemgo) in Ostwestfalen übernahm. Aber das war keineswegs ihr erster Auftritt in der deutschen Bahn-Szene (und beileibe auch nicht der letzte, seit dem 25. November 2000 fährt ein Tochterunternehmen der Eurobahn, die Freiberger Eisenbahngesellschaft, auf der KBS 514 Freiberg–Holzhau). Denn bereits ein Jahr zuvor, mit Beginn des Fahrplans 1999/2000 am 30. Mai 1999, hatte die Eurobahn den Betrieb auf der zum gleichen Zeitpunkt reaktivierten Donnersberg-Bahn von Alzey nach Kirchheimbolanden, der Kreisstadt des Donnersbergkreises, aufgenommen. Das Verkehrsaufkommen wurde dort als vergleichsweise gering erachtet, und so fuhr die Eurobahn hier befristet auf ein Jahr gewissermaßen zunächst zur Probe im Rheinland-Pfalz-Takt mit. Vielleicht hatte man sich deshalb auch gescheut, der Donnersberg-Bahn eine eigene Kursbuchnummer zuzuteilen, so dass sie etwas verlegen unter der Kopfzeile »zu 661« im Kursbuch erscheint. Als Fahrzeuge kamen zunächst zwei kleine LVT/S zum Einsatz.

Aber rasch erwies sich der Personenverkehr als Volltreffer. Noch im Jahre 2000 wurde die Donnersberg-Bahn ins Regelangebot des Rheinland-Pfalz-Taktes aufgenommen, die von der DWA und der Karsdorfer Eisenbahngesellschaft (KEG) ausgeliehenen LVT/S wurden durch zwei größere Fahrzeuge vom Typ Regioshuttle ersetzt, die auch auf der KBS 514 fahren; auf den KBS 386 und 404 setzt die Eurobahn Talent-Triebwagen ein.

48 Jahre lang, seit 1951, hatte es auf der Donners-

Einen eigenartigen Endpunkt besitzt die Eurobahn in Kirchheimbolanden. Etwas außerhalb des Orts und weit vor dem früheren Bahnhof wurde am Bahndamm ein Brettergerüst errichtet, an dem man in den Bus oder das dort geparkte Auto umsteigen muss. VT 1.02 verkörpert am 20.9.2001 den vorläufigen Endzustand der Bahn, der Haltepunkt hingegen hoffentlich noch nicht.

In Morschheim, wo die Züge auch heute noch nicht wieder halten, passiert am 9.6.1999 der Plantriebwagen VT 3.15 der Karsdorfer Eisenbahn den Reservetriebwagen VT 114. Während die alten Esslinger-Triebwagen bei vielen Bahnen heimisch waren, hat sich der neue LVT/S von DWA nicht recht durchsetzen können. Auch die Eurobahn fuhr ihn nur leihweise.

berg-Bahn keinen regulären Schienenpersonenverkehr mehr gegeben. Das ist so erstaunlich nicht, denn dass im Donnersberg überhaupt Eisenbahnen gebaut wurden – und zwar vergleichsweise früh und viel! –, ist zwei nicht alltäglichen Umständen zu verdanken: Da war zum einen die Konkurrenz der diversen pfälzischen Eisenbahngesellschaften, welche kurze Verbindungen zwischen der Pfalz und dem Rhein-Main-Gebiet haben wollten. Zum anderen war das Deutsche Reich seit dem Krieg von 1870/71 bestrebt, aus dem Rheintal heraus Richtung Frankreich viele (Aufmarsch-) Strecken zur Verfügung zu haben, örtliche Verkehrsbedürfnisse spielten da zunächst nur eine untergeordnete Rolle. So entstanden 1873/74 die spätere Hauptbahn Monsheim–Marnheim–Langmeil (s. u.) und deren Zweigstrecke Marnheim–Kirchheimbolanden–Alzey. Am 31. Dezember 1873 eröffneten die Hessische Ludwigsbahn (Alzey–Grenze bei Wahlheim) und die Pfälzische Nordbahn (ab Wahlheim) gemeinsam die Strecke Alzey–Kirchheimbolanden, am 18. Juli 1874 wurde von der Pfälzischen Nordbahn das Reststück bis Marnheim unter Dampf genommen.

4.5.5.1 KBS 662.1 Monsheim–Langmeil

Spätestens seit Ende des Zweiten Weltkriegs wusste man mit den vielen Eisenbahnen dieser Region nicht mehr viel anzufangen, nur wegen der hier abzubauenden Bodenschätze und der Steinbrüch überlebten die Strecken zumindest im Güterverkehr. Dem heutigen Verkehrschaos um Mainz und dem Rheinland-Pfalz-Takt ist es zu verdanken, dass jüngst in dieser Region so viele Wiedereröffnungen gefeiert werden konnten.

Mit dem 26. Mai 2001 ging dann auch die 28,6 km lange Zellertalbahn von Monsheim nach Langmeil, die seit dem 23. September 1983 keinen Personenverkehr mehr gesehen hatte, wieder in Betrieb; sogar mit eigener Tabelle im Regional-Hauptteil des Kursbuch konnte sie aufwarten (KBS 662.1). Zunächst befristet bis zum 23. September 2001 verkehrten hier an Sonn- und Feiertagen Talent-Triebzüge (BR 643) der DB Regio AG, historische Schienenbusse oder die erwähnten Regio-Shuttles der Eurobahn im Zweistundentakt. Hinter diesem Angebot standen die Kuckucksbähnel-Bahnbetriebs-GmbH und der Förderverein Eistalbahn.

Von deutlich besseren Zeiten zeugt am 23.9.2001 der verbretterte Bahnhof von Marnheim. Bis zum Ende des Zweiten Weltkriegs konnte man von hier nicht nur nach Langmeil und Monsheim, sondern auch nach Kirchheimbolanden fahren. Am heutigen Sonntag hat sich VT 1.01 der Eurobahn für Monsheim entschieden.

In dieser schönen Gegend zwischen Harxheim-Zell und Wachenheim sind die Autofahrer der Eisenbahn entwöhnt und die Blinklichtanlagen dem Blinken. Deswegen hat man diesen Übergang einfach gesperrt, und da das wiederum irgend jemandem nicht gefiel, muss nun die Sperre repariert werden. Die Aktivisten der Eistalbahn werden am 23.9.2001 auch damit fertig.

4.5.6 KBS 666 Grünstadt–Eiswoog

Auf einzelnen Strecken im Süden des Bundelandes wurde ab 1994 der Rheinland-Pfalz-Takt gewissermaßen erprobt. Das Zugangebot wurde ausgeweitet, weitere VT 628, finanziert mit Unterstützung des Landes, kamen zum Einsatz, und eine neue alte Strecke kam mit dem Auftakt auch hinzu: die Eistalbahn Grünstadt–Eisenberg. Nach 18 Jahren Abstinenz wurde sie – als Erste dieser Region überhaupt seit Jahrzehnten – zum 29. Mai 1994 wieder neu ins Netz des öffentlichen Schienennahverkehrs eingeflochten.

Das musste natürlich gefeiert werden. Nirgendwo anders als im frisch restaurierten Bahnhof Eisenberg wurden am 26. Mai 1994 in einem kleinen Festakt die Verträge für den Rheinland-Pfalz-Takt von Landesverkehrsminister Rainer Brüderle und DB-Vorstandsmitglied Heinz Neuhaus symbolisch unterzeichnet. Auch an großen Worten fehlte es nicht: »Hier hat eine Revolution stattgefunden, und die Dramatik des Augenblicks ist uns wahrscheinlich noch gar nicht bewusst«, äußerte sich DB-Vorstand Neuhaus. Und so pathetisch das klang: Für den Schienennahverkehr im ländlichen Raum war der Begriff Revolution durchaus angemessen. Minister Brüderle bekannte schließlich die Hoffnung, dass die Nahverkehrsoffensive – im Bereich der ersten Takt-Strecken brachte sie eine Ausdehnung des Angebots (gemessen in Zugkilometern) von 30 Prozent – von den Menschen auch angenommen werde.

Die Menschen nahmen sie an. Die Fahrgastzuwächse lagen in den ersten fünf Jahren des Rheinland-Pfalz-Taktes prozentual jeweils deutlich über den Angebotsausweitungen, von 1994 bis 2000 hat sich die Nachfrage – gemessen in Reisendenkilometern – etwa verdoppelt. Alle Erwartungen wurden damit weit übertroffen.

Auch auf der Eistalbahn. Ein Jahr nach der Wiedereröffnung wurde hier deshalb mit dem 28. Mai 1995 der Verkehr über Eisenberg hinaus um 4 km bis Ramsen ausgedehnt. Bald darauf wurde an Sonntagen sogar eine Verlängerung um weitere 5 km bis zum Eiswoog, einem beliebten Ausflugsziel, realisiert; am 12. August 2001 ging sie in Betrieb.

Ein kurzer Blick zurück: Die früher vornehmlich dem Erzverkehr dienende Strecke Grünstadt–Eisenberg war am 24. Juni 1876 von der Pfälzischen Nordbahn eröffnet und erst am 6. November 1932 über Ramsen hinaus bis Enkenbach an der Alsenzbahn verlängert worden.

Am 9.6.1999 war Ramsen auch an Sonntagen noch der Endpunkt der Strecke. 628 266 hat den neuen Bahnsteig erreicht, der etwas abseits des alten Bahnhofsgebäudes im Hintergrund errichtet wurde. Das kleine Gebäude vor dem Güterschuppen ist neu und beherbergt den Fahrkarten-Automaten.

Hoch über dem Talgrund mit seiner Gaststätte liegt der neue Endpunkt Eiswoog. Von hier aus führt ein steiler Waldweg zu Tal, wo man in die schmalspurige Stumpfwaldbahn umsteigen kann. 628 293 hat am 23.9.2001 nur einige Minuten Wendepause in Eiswoog.

4.5.6.1 KBS 667 Grünstadt–Monsheim

Gleichzeitig mit der Verlängerung der Eistalbahn wurde am 28. Mai 1995 auch die Verbindung Grünstadt–Monsheim, auf der die Bundesbahn am 2. Juni 1984 den Personenverkehr aufgegeben hatte, wieder aktiviert und in den Rheinland-Pfalz-Takt eingebunden. Damit war es möglich, die zweite Nord-Süd-Strecke der alten Pfälzischen Nordbahn[5] wieder angemessen zu bedienen, von Neustadt über Bad Dürkheim und Gründstadt nach Monsheim und zurück. Wer sich also heute auf einer Streckenkarte den Bahnknoten Grünstadt anschaut und ihn mit einer älteren Darstellung vergleicht, muss sich nicht mehr die Augen reiben: Diese völlig unverständliche Lücke auf Monsheim zu ist geschlossen, die Eistalbahn ist auch wieder da, nur die Nebenbahnen Richtung Worms (eröffnet 1900; über Offstein) und Altleiningen (eröffnet 1903), die werden keine neue Chance bekommen. Von beiden existieren nur noch Reststücke.

5 Unter diesem Titel taucht die am 21. März 1873 von der Nordbahn und der Hessischen Ludwigsbahn eröffnete Verbindung heute auch im Kursbuch auf; die eigentliche Stammstrecke der Pfälzischen Nordbahn ist jedoch die Alsenzbahn Hochspeyer–Münster am Stein.

4.5.7 KBS 675 Hinterweidenthal Ost–Bundenthal-Rumbach

Als die Macher des Rheinland-Pfalz-Taktes eine erste Zwischenbilanz zogen, konnten sie zu ihrer eigenen Überraschung feststellen, dass der Wochenendverkehr besonders kräftig zugelegt hatte. Das war zum einen schon der Tatsache geschuldet, dass früher das Nahverkehrsangebot an diesen Tagen nur ein Schattendasein geführt hatte, zum anderen macht(e) sich natürlich auch an Sonntagen das übliche Chaos auf den Straßen bemerkbar. Und das Schönes-Wochenende-Ticket der DB dürfte ein Übriges getan haben. Vor diesem Hintergrund ist es nicht verwunderlich, dass die

In Bockenheim wurde unlängst ein moderner Bahnsteig errichtet. Am 9.6.1999 müssen die Reisenden des 928 300 noch eine Stufe mehr an Höhe überwinden. Der klassische Pfalzbahn-Bau des Empfangsgebäudes befindet sich längst in privater Hand.

Am 10.8.1997 ist Dähn mit seinem eigenwilligen Bahnhofsgebäude erreicht. Kultureller Höhepunkt und höchstes Glück für einen Graffiti-Künstler ist es, wenn er seinen Tag auf einem 928-Steuerwagen verewigen kann.

Ein warmer Sommer-Sonntag lädt am 10.8.1997 zum Mittagessen und Kaffeetrinken in das Restaurant »Bahnhöfl«, hinter dem sich der frühere Bahnhof von Bundenthal-Rumbach verbirgt. 928 473 hat am Biergarten festgemacht und harrt wie der Wirt der Wanderer-Massen.

Mainzer Landesregierung zwei Strecken in den Rheinland-Pfalz-Takt einflechten ließ, die nur am Wochenenden bzw. an Feiertagen bedient werden respektive zunächst nur am Wochenende bedient wurden.

Zunächst betraf das die jahrzehntelang nur noch im Güterverkehr genutzte Strecke von Hinterweidenthal Bbf[6] durch das landschaftlich besonders reizvolle obere Lautertal nach Bundenthal-Rumbach. Seit dem 1. Juni 1997 wird sie sonn- und feiertags wieder planmäßig bedient. Anfangs beschränkte sich das Angebot auf zwei Zugpaare (von/nach Landau bzw. Neustadt), seitdem konnte es glatt verdoppelt werden. Auch hier dürfen sich also die Macher des Rheinland-Pfalz-Taktes über einen vollen Erfolg freuen.

6 Bbf = Betriebsbahnhof; früher und heute wieder Hinterweidenthal Ost genannt; liegt an der Hauptbahn Landau–Pirmasens Nord.

4.5.7.1 zu KBS 677 Wörth–Lauterbourg

Zunächst auf den Wochenendverkehr – und das ebenfalls nur vom Frühjahr bis in den Herbst – beschränkt war auch das sonn- und feiertägliche Zugangebot auf der 12 km langen grenzüberschreitenden »Bienwaldbahn« Wörth–Lauterbourg, das mit dem 30. Mai 1999 fröhliche Urständ erlebte. Das wird nicht so bleiben, die alte Magistrale nach Straßburg (eröffnet 1876), über welche etwa zwischen 1905/06 und dem Ersten Weltkrieg die großen Fernreisezüge der linksrheinischen Magistrale (Köln–Straßburg–Basel) gefahren waren und die noch heute einen vergleichsweise regen Güterverkehr aufzuweisen hat, sollte ab Ende 2002 auch an normalen Werktagen wieder ein regelmäßiges Reisezugangebot erhalten. Verdient hätten es Region und Strecke allemal. Grenzüberschreitenden Personenverkehr hatte es hier noch bis zum 11. Juli 1980 gegeben, an diesem Tag ver-

Lauterbourgs wilde Zeiten im Schienenschnellverkehr sind längst vorbei. Am 6.6.1999 warten etwa fünf Reisende auf die Rückfahrt der DB-Garnitur mit 218 296 am Zugschluss nach Wörth. Nirgendwo am Bahnhof findet sich ein Hinweis auf das Verkehren des Zuges oder gar die Abfahrtszeit.

Zwei Jahre später, im August 2001 kommt die DB mit dem Neigezug der Baureihe 612 nach Lauterbourg. SNCF-Lok 67 456 wird den Wendezug aus Edelstahl-Wagen nach Strasbourg schieben. Das Bahnhofsgebäude gehört zu einem Standardtyp der ehemaligen Reichseisenbahn Elsass-Lothringen (EL) und weist den für die EL markanten Turm auf.

kehrte letztmals das vor allem für französische Soldaten gedachte Eilzugpaar Straßburg–Wörth–Ludwigshafen; bis zum 1. Juni 1984 war dann noch recht bescheidener Schienen-Nahverkehr zwischen Wörth und Berg angeboten worden.

Dass die einst so bedeutende Strecke über Lauterbourg nach wie vor existiert, war über die Region hinaus wohl nur wenigen Leuten und Eisenbahnfans bekannt. Zu kurzer Berühmtheit stieg sie zuletzt in der Nacht vom 26. auf den 27. März 2001 auf, als hier der Castor-Transport von Le Hague nach Gorleben die französisch-deutsche Grenze überquerte. Wie viele Castoren wohl noch folgen werden?

4.5.8 KBS 679 Winden–Wissembourg

Die Erinnerungen an die großen Fernzüge zwischen Basel und den am unteren Rhein gelegenen Städten bzw. Eisenbahnknoten können jetzt noch einmal geweckt werden. Bevor diese Züge nämlich über Lauterbourg – und damit über die kürzeste Route zwischen der damals noch bayerischen Pfalz und dem Elsass – fuhren, nahmen sie vornehmlich den Weg über Landau, Winden und Wissembourg, das zwischen 1871 und 1918 Weißenburg hieß. Die 1855 von der Pfälzischen Maximilansbahn eröffnete Strecke Neustadt–Weißenburg (–Straßburg) wurde wie oben geschildert für den Fernverkehr im Wesentlichen von der Route über Wörth und Lauterbourg abgelöst. Letztere war kürzer und konnte nach dem Umbau der Bahnanlagen in Schifferstadt 1905/06 ohne Fahrtrichtungswechsel befahren werden; Weißenburg/Wissembourg hingegen war und ist bekanntlich ein Kopfbahnhof, hatte aber eine Verbindungskurve für den Fernverkehr.

Die große Zeit war also für die Linie Winden–Weißenburg vergleichsweise früh beendet. Immerhin überlebte der Grenzübergang die Abtrennung des Elsass, aber nach dem Zweiten Weltkrieg schien das Ende gekommen zu sein, die alte Pfälzische Maximiliansbahn wurde an der Grenze unterbrochen. Zwar folgte 1949 die erste Reaktivierung, 1975 wurde die Verbindung jedoch erneut aufgegeben, und zwar umfassend, nicht nur der grenzüberschreitende Verkehr fand diesmal ein Ende.

Wissembourg erhielt nach dem letzten Krieg ein neues Bahnhofsgebäude, in dem auch heute noch Fahrkarten verkauft werden. 928 269 dient am 3.6.1999 der deutsch-französischen Freundschaft oder der deutsch-französischen Normalität. Früher war Weißenburg, wie die Stadt zu deutschen Zeiten hieß, eher ein Symbol für Krieg: Zahlreiche deutsche Lokomotiven trugen den Stadtnamen am Kessel zur Erinnerung an eine gloriose Schlacht im Krieg von 1870/71.

Ein moderner Bahnsteig in einer grünen Wiese, das ist der Haltepunkt Schweighofen, und 928 269 ist am 3.6.1999 der Nachfahre der berühmten Schnellzüge, die hier einst auf dem Weg nach Frankfurt, Straßburg oder Basel durchdonnerten.

Rheinland-Pfalz und Frankreich haben zwar eine lange gemeinsame Grenze, aber sie hatten lange keinen gemeinsamen Eisenbahn-Grenzübergang, nämlich zwischen dem 11. Juli 1980 und dem 28. Februar 1997. Das änderte sich mit dem 1. März 1997, als die gründlich aufgearbeitete Maximiliansbahn zwischen Winden und Wissembourg zum dritten Mal eröffnet wurde. Die gut nachbarschaftlichen Beziehungen zwischen Elsass und Pfalz sind seitdem auch im Eisenbahnverkehr wieder um ein Stückchen Normalität reicher geworden. Im Eröffnungszug, einem VT 628 der DB, befand sich übrigens auch der Mainzer Regierungschef Kurt Beck, dessen Heimatort Steinfeld gemeinsam mit drei weiteren Zwischenstationen – alle in der Pfalz gelegen – an diesem 1. März 1997 nach 22 Jahren Unterbrechung wieder einen Bahnanschluss erhielt.

4.5.8.1 KBS 678 Winden–Bad Bergzabern

Nicht 22, aber immerhin 14 Jahre hatte es gedauert, ehe die Kurstadt Bad Bergzabern wieder in den Schienenpersonenverkehr eingebunden war, und zwar ebenfalls über Winden. Seit dem 24. September 1995 wird die 10 km kurze Stichstrecke wieder bedient, am 26. September 1981 war ihr erstes Leben zu Ende gegangen. Die am 13. April 1870 erstmals eröffnete Route gehört zweifellos zu den unspektakulärsten in der Pfalz, sie überschreitet keine Grenzen, hat keine landschaftlichen Besonderheiten aufzuweisen, sah nie große Züge auf ihren Gleisen. Aber sie ist auferstanden von den tot Geglaubten, und das ist doch auch schon etwas ...

Einem Kurort angemessen erscheint der verspielte Sandsteinbau des Bahnhofs Bad Bergzabern. Im August 2001 hat 928 311 Kurgäste und Ausflügler in die Stadt gebracht, die bereits am Bahnhof mit reichem Blumenschmuck empfangen werden.

Ziemlich schlicht gestaltet sich der Endpunkt Lebach-Jabach der Strecke aus Saarbrücken. Am 12.8.1999 wartet 628 486 auf die Rückfahrt, wobei zuvor noch die Rücklichter gelöscht werden sollten. Was unter dem Triebwagen zu sehen ist, ist nicht etwa der neueste schotterlose Oberbau, sondern eine Betonwanne, die das Grundwasser vor tropfenden Motoren schützen soll.

4.5.9 KBS 681 Lebach–Lebach-Jabach und Stadtbahn Saar

Im ersten Band ihrer Buchreihe »Abschied von der Schiene« mussten die Autoren den Bahnhof des saarländischen Städtchens Lebach als eine der trostlosesten Stationen Deutschlands präsentieren.[7] Mit dem 30. Mai 1980 war hier der Personenverkehr auf der Strecke nach Wadern eingestellt worden und zugleich auch auf deren Zweigstrecke nach Dillingen; Trennungsbahnhof war Primsweiler. Am 27. September 1985 schloss sich dem die Köllertalbahn nach Völklingen an. Vom Bahnhof Lebach konnte man fortan per Schiene nur noch Richtung Wemmetsweiler an der westlichen der beiden Strecken zwischen Neunkirchen und Saarbrücken entfliehen. Und auch deren Ende schien nur noch eine Frage der Zeit zu sein.

Es ist anders gekommen. Mitte der Neunzigerjahre entdeckten auch Stadt und Region Saarbrücken wieder ihr Herz für die Eisenbahn – und ganz besonders für das, was man heute landläufig »Karlsruher Modell« nennt, also die Kombination von Straßenbahn- und Eisenbahn-Infrastruktur. Die Stadtbahn Saar bzw. die Saarbahn, so heißt das neue Konzept außerhalb der Stadt Saarbrücken, verknüpft seit dem 24. Oktober 1997 Saargemünd/Sarreguemines mit Saarbrückens Innenstadt, wobei sie innerhalb der Stadt auf neuen Gleisen nach der Betriebsordnung für Straßenbahnen (BOStrab) als Straßenbahn verkehrt, außerhalb auf den bereits zuvor vorhandenen Strecken als Eisenbahn; ein- bzw. ausgefädelt wird am Bahnhof Brebach. Die Saarbahn wird von Saarbrücken aus derzeit in Richtung Köllertal weiter gebaut und soll als Straßenbahn einige Orte auf ganz neuen Wegen zeitgemäß erschließen. Ab Etzenhofen wird sie dann auf der Trasse der alten Köllertalbahn aus Völklingen in den Bahnhof Lebach führen.

7 Vgl. Wolfgang Fiegenbaum/Wolfgang Klee, Abschied von der Schiene. Stillgelegte Bahnstrecken im Personenzugverkehr Deutschlands 1980 – 1985, Stuttgart 1988, Seite 196; wiederabgedruckt in: Wolfgang Fiegenbaum/Wolfgang Klee, Abschied von der Schiene. Stillgelegte Bahnstrecken im Personenzugverkehr Deutschlands 1980 - 1990, Stuttgart 1997, Seite 196.

Wenn 2004 – vielleicht auch erst 2005 – die modernen Zweisystemzüge Lebach erreichen, finden die Saarbahn-Passagiere vom alten hässlichen Bahnhof nicht mehr viel vor. Lebach ist nämlich als zentraler Knotenpunkt für den größten Teil des Öffentlichen Personennahverkehrs aus dem mittleren und nördlichen Saarland vorgesehen, hier sollen Busse, Saarbahn und Eisenbahn optimal unter einander verknüpft werden.

Die Saarbahn wird aber nicht die erste neue Strecke der jüngeren Vergangenheit für Lebach sein. Um ein Wohngebiet im Stadtteil Jabach anzubinden, ließen die Lebacher an der alten Strecke Richtung Wadern eine neue Endstation für die Züge von/nach Wemmetsweiler anlegen, seit dem 24. Mai 1998 ist sie in Betrieb. Da stellt sich natürlich die Frage, ob die Züge irgendwann über Jabach hinaus weiter fahren werden in Richtung Wadern oder gar Dillingen. Das ist zwar im »Zielzustand Saarbahn-Netz« nicht vorgesehen, aber das war die Anbindung Jabachs auch nicht.

Ein anderes Ziel der Saarbahn-Triebwagen soll zumindest erwähnt werden: Zweimal im Jahr fahren sie zu Messezeiten auf der ehemaligen Kursbuchstrecke 634, die ihren planmäßigen Reiseverkehr am 27. Mai 1983 verloren hatte, zum Saarbrücker Messebahnhof und darüber hinaus nach Fürstenhausen. Die Zweisystemwagen verlassen dabei kurz vor der markanten Stadtbahnbrücke über die DB-Gleise westlich des Hauptbahnhofs, nahe der Haltestelle Cottbuser Platz, die Stadtbahngleise und wechseln auf die Eisenbahnstrecke über. Diese Messe-Fahrten sollen später zum Regelangebot der Saarbahn werden, sprich, auch diese Strecke steht zur Reaktivierung an.

Hier in Saarbrücken-Brebach erreicht die Saarbahn aus der Innenstadt kommend über eine neu erbaute Rampe die Gleise der DB-Strecke nach Sarreguemines und wechselt dabei vom Gleichstrom-BOStrab- auf den Wechselstrom-EBO-Betrieb. Am 12.8.1999 hat Triebwagen 1011 den Wechselstrom-Bereich erreicht und wird gleich im Bahnhof Brebach halten. Der Wagen wurde übrigens im Sommer 2001 leihweise nach Kassel als Regiotram zwischen Warburg und Kassel Hbf abgegeben.

4.6 Baden-Württemberg

4.6.1 KBS 732 Stahringen–Stockach

Keine Frage, Rheinland-Pfalz hat Baden-Württemberg im letzten Jahrzehnt des 20. Jahrhunderts den Ruf des »Nebenbahn-freundlichsten« Bundeslandes nach Kräften streitig gemacht: zehn zu acht lautete der Zwischenstand Ende 2001. Berechnungseinheit: Wiederinbetriebnahmen, wobei die Verbindungsstrecken, die ohne Halt durchfahren werden, nicht mitgerechnet sind. Solche Zahlenspiele sagen natürlich nicht alles. Baden-Württemberg hat in den Achtziger- und Neunzigerjahre viel Geld und Energie in den Aufbau der S-Bahn-Systeme in und um Stuttgart sowie im Großraum Karlsruhe investiert (vgl. die Abschnitte 2.2.7 u. 2.2.8), und was darüber hinaus sonst noch geschehen ist, kann sich wahrlich ebenfalls sehen lassen.

Eine Besonderheit im Ländle ist dabei zweifellos die Einbindung eines Schweizer Eisenbahnunternehmens, der Mittelthurgaubahn, in den Regionalverkehr. Seit 1994 fährt diese unter dem Namen »Seehas« gewissermaßen für die DB den Nahverkehr auf der Strecke (Kreuzlingen–) Konstanz–Radolfzell–Engen, weil es der DB an passenden elektrischen Fahrzeugen für diese Verbindung mangelte. Die Mittelthurgaubahn füllte so die Standzeiten ihrer Triebwagen in Konstanz sinnvoll, und die Privatbahn machte das offenbar von Anfang an so gut, dass man an ihr auch nicht vorbei gehen wollte, als die Reaktivierung der Nebenbahn von Stahringen an der Bodensee-Gürtelbahn Radolfzell–Friedrichshafen nach Stockach auf der Tagesordnung stand. Die Schweizer erhielten nach einer europaweiten Ausschreibung im Auftrag des Landkreises Konstanz das Betriebsrecht für den Verkehr Radolfzell–Stahringen–Stockach, am 8. September 1996 legten sie los. Natürlich sollte das Kind auch einen Namen haben: »Seehäsle«.

Die ersten GTW 2/6 wirkten noch recht klobig, vor allem wenn man sie z.B. mit dem Talent oder dem Desiro vergleicht. Nun, man hat gelernt und was daraus geworden ist kann man in diesem Buch z.B. bei der Usedomer Bäderbahn begutachten. Am 21.3.1997 hat der 596 672 den Haltepunkt Wahlwies erreicht. Auch auf dieser Strecke erhielten alle Bahnhöfe standardisierte Wartehäuschen.

Unter dem altehrwürdigen Fußgängersteg von Stockach wartet am 21.3.1997 die Mittelthurgaubahn in Form des GTW 2/6 mit der Nummer 596 671 auf die Rückfahrt nach Radolfzell. Das schöne alte badische Empfangsgebäude wartete noch auf die denkmalgerechte Restaurierung. Der Triebwagen war der erste Prototyp für eine ganze Baureihe, die heute u.a. auch bei der DB als Reihe 646/946 in Brandenburg eingesetzt wird.

Vor Wiederaufnahme des Personenverkehrs – die Bundesbahn hatte ihn mit dem 25. September 1982 auslaufen lassen – pachtete der Landkreis Konstanz die Strecke Stahringen–Stockach von der DB und ließ sie dann grundlegend modernisieren. Neue Halte und neue Bahnsteige wurden angelegt, die Signal- und Sicherungstechnik auf Vordermann gebracht, die Gleise erneuert bzw. auf das aktuell erforderliche Maß gebracht. Und natürlich wurden neue Fahrzeuge beschafft, nämlich Diesel-Leichttriebwagen vom Typ GTW 2/6 des Schweizer Herstellers Stadler.

Das »Seehäsle« fuhr geradewegs in den Erfolg. An Werktagen finden die Fahrgäste heute einen Stunden-Grundtakt vor, der zu den Hauptverkehrszeiten zum Halbstundentakt verdichtet wird. Von so etwas kann so manche stolze Magistrale nur träumen, und leider noch zu viele Nebenbahnen erst recht.

Trotz des Erfolges ist derzeit nicht davon auszugehen, dass das Projekt »Seehäsle« noch über Stockach hinaus ausgedehnt werden wird. Eine Grundvoraussetzung jedoch wäre gegeben, denn die am 3. Februar 1870 von den Badischen Staatseisenbahnen eröffnete Verbindung führte ursprünglich weiter über Meßkirch nach Mengen an der Strecke Aulendorf–Sigmaringen und ist im Wesentlichen auch noch vorhanden. Zwischen Stockach und Mengen hatte die DB den Personenverkehr schon 1972 eingestellt, abschnittsweise wurde bzw. wird die Strecke jedoch noch im Güterverkehr benötigt.

4.6.2 KBS 758 Laupheim West–Laupheim Stadt

Wer auf der altehrwürdigen württembergischen Südbahn Ulm–Friedrichshafen zum Bodensee reist, kommt 22 km südlich von Ulm durch den Bahnhof Laupheim West. Von der namensgebenden Stadt Laupheim ist hier weit und breit nicht viel zu sehen, nur die seltsame Anlage der Station – ein so genannter Keilbahnhof – deutet darauf

Regio-Shuttles, von Eisenbahnfans auch mal despektierlich als »Regioschüttel« bezeichnet, finden sich in diesem Buch in zahlreichen Lackierungen. Bei der DB AG sind sie natürlich in Verkehrsrot unterwegs, und das steht ihnen nicht schlecht. 650 105 hat im Juli 1999 in wenigen Metern den neuen, alten Endpunkt Laupheim Stadt erreicht.

hin, dass hier nicht alles mit einfachen Dingen zugeht. Und inzwischen kann man auf demjenigen Gleis, das die nordöstliche Flanke des Bahnhofs bildet, moderne DB-Dieseltriebwagen der Baureihe 650 in leuchtendem Verkehrsrot sehen, die unmissverständlich klar machen, dass Laupheim West nach sechzehnjähriger Unterbrechung wieder mehr ist als eine beliebige Durchgangsstation.

Die roten Regio-Shuttle-Triebwagen der »DB ZugBus Regionalverkehr Alb-Bodensee« bedienen seit dem 30. Mai 1999 die zweieinhalb Kilometer kurze Stichstrecke nach Laupheim Stadt, wo ihre Reise neben einem neu angelegten Bahnsteig inmitten des recht ausgedehnten, aber inzwischen ziemlich gründlich abgeräumten alten Bahnhofsgeländes endet. Außer den Gebäuden erinnert in Laupheim Stadt nicht mehr viel an die alte Nebenstrecke der Bundesbahn, auf der noch bis zum 27. Mai 1983 Personenzüge fuhren, in der Regel die damals gängige Komposition für solche Fälle, eine DB-V 100 mit einem Silberling. Güterverkehr gab es zum Glück weiterhin – wenn auch in zuletzt stark abnehmendem Umfang –, so dass eine Trasse zur Verfügung stand, als Mitte der Neunzigerjahre die Idee reifte, Laupheim Stadt wieder ins System Eisenbahnpersonenverkehr einzubeziehen.

Laupheim Stadt ist – abgesehen vom hübschen, aber für den Bahnbetrieb nicht mehr benötigten Stationsgebäude – heute eine nüchtern-funktional ausschauende Kopfstation. Bis zu Beginn der Siebzigerjahre war das anders, damals erwartete den Eisenbahnfreund eine von viel Nostalgie umwehte, typische größere Nebenbahn-Durchgangsstation. Sie war am 17. Mai 1904 eröffnet worden, als die Königlich Württembergischen Staats-Eisenbahnen die 16 km lange Nebenbahn von Laupheim West – auch Laupheim Hbf genannt – über Laupheim Stadt nach Schwendi in Betrieb nahmen. Die einfach trassierte Strecke durchs Tal der Rot konnte wie so viele andere seit den Sechzigerjahren dem Konkurrenzdruck der Straße kaum etwas entgegen stellen, im Mai 1971 endete der Personenverkehr zwischen Laupheim Stadt und Schwendi, 1984 wurde hier auch der Güterverkehr aufgegeben. Erst der sich ins Gegenteil umkehrende Erfolg der Straße – sprich: deren Überfüllung – gab schließlich dem kurzen Reststück der Strecke eine zweite Chance. Für Schwendi jedoch ist der Zug wohl für immer abgefahren.

Ausbaupläne gibt es im Raum Laupheim gleichwohl. In Planung befindet sich eine zusätzliche Verbindungskurve für Laupheim West, die es aus der Stadt kommenden Zügen erlauben soll, direkt in Richtung Süden auf die Hauptbahn zu gelangen, so dass Regionalbahnen der Relation Ulm–Laupheim Stadt–Biberach mit nur einmaligen Kopfmachen eingeführt werden könnten.

In Laupheim Stadt sieht es im Juli 1999 noch etwas provisorisch aus, wie der geteerte Weg über das halb gerupfte Bahnsteiggleis beweist. 650 105 gehört zur Unterbauart 650.1, die sich durch die Dicke der Sitzpolster von der Bauart 650.0 unterscheidet. Der Grund: Die Fahrzeuge der BR 650.1 beschaffte das Land Baden-Württemberg und erhielten deshalb die Sitze aus dem Adtranz-Regal. Dagegen erhielten die Triebwagen der BR 650.0 das unbequeme DB-Regio-Standardgestühl, weil hier die »ZugBus Regionalverkehr Alb-Bodensee« bestellte.

4.6.3 KBS 759 Schelklingen–Gammertingen

»An Werktagen außer Samstag« – Fahrplanhinweise mit dieser Aussage gehörten im letzten Viertel des 20. Jahrhunderts zu zahllosen im Kursbuch abgedruckten Zugläufen des Regionalverkehrs, und es gab nicht wenige Strecken, auf denen an anderen Tagen als den genannten überhaupt keine Züge mehr fuhren. Solche Einschränkungen sind erfreulicherweise seltener geworden, und was ebenso erfreulich ist: Im Kursbuch tauchen jetzt auch unter den »regulären« Strecken8 wieder Verbindungen auf, die nur an Wochenenden gefahren werden; und zwar an jedem Wochenende bzw. Sonn- und teils auch Feiertagen innerhalb einer bestimmten Saison. Mit anderen Worten, hier werden landschaftlich reizvolle Strecken, die unter der Woche nur dem Güterverkehr dienen oder still ruhen, wieder einer regelmäßigen – zunächst natürlich touristischen – Nutzung im Personenverkehr zugeführt.

Eine dieser Routen ist die »Schwäbische Albbahn« – so firmiert sie im Kursbuch–, bei der gleich zwei Bahnunternehmen zusammenarbeiten: Die Deutsche Bahn AG mit ihrer Tochter »DB ZugBus Regionalverkehr Alb-Bodensee GmbH« (RAB), zuständig für das Teilstück (Ulm–) Schelklingen–Kleinengstingen, sowie die Hohenzollerische Landesbahn (HzL), die direkt im Anschluss auf ihrer Strecke Kleinengstingen–Gammertingen die Radler-, Wanderer- oder Bahn-Touristenzüge fährt. Die

8 Gemeint sind diejenigen Strecken mit dreistelliger Nummer, nicht die in unregelmäßigen Abständen fahrenden Museumsbahnen mit fünfstelliger Nummern.

Kann ein Empfangsgebäude typischer für Württemberg aussehen als das von Gomadingen? Über 25 Mal ist dieses Gebäude nach gleichem Bauplan in Württemberg errichtet worden. Am 17.10.1999 – alle Aufnahmen dieser Strecke entstanden an diesem Tag – hält davor der »Ulmer Spatz« mit 998 896 an der Spitze. Ein herrlicher Herbsttag hat viele Wanderer und Bahnfreunde von Ulm auf die Alb gelockt.

Kooperation funktioniert offenbar gut, sogar Charterfahrten bietet man gemeinsam an. Entsprechende Tickets sorgen dafür, dass auch seitens der Tarife keine Hindernisse auftreten. Und dann ist da noch ein weiterer Kooperationspartner, nämlich die Ulmer BSW-Freizeitgruppe der DB, die für die Fahrten zwischen Ulm und Kleinengstingen den historischen Schienenbus »Ulmer Spatz« betreut.

Auf der DB-Strecke von Schelklingen an der Donautalbahn Ulm–Sigmaringen nach Kleinengstingen war bereits 1969 der Personenverkehr eingestellt worden. Die Strecke führte früher über Schelklingen hinaus bis Reutlingen; bekannt geworden ist sie durch den Zahnradabschnitt Honau-Lichtenstein[9]. Während der Abschnitt von Reutlingen Süd über Honau – eingestellt 1980 – und Lichtenstein nach Kleinengstingen – eingestellt 1969 – bald abgebaut wurde, blieb der Restabschnitt Kleinengstingen–Schelklingen erhalten; er diente vor allem der Bedienung der Bundeswehr auf der Alb mit dem Schwerpunkt Münsingen.

Nun ist die Bundeswehr auch nicht mehr das, was sie einmal war, unter anderem nämlich ein herausragender Kunde der Deutschen Bahn AG bzw. der Bundesbahn, und so stand die Albbahn Mitte der Neunzigerjahre zur Disposition. Erfreulicherweise fand sich mit der Erms-Neckar-Bahn AG (siehe Abschnitt 4.6.4) jemand, der die

9 Eröffnung von Honau über Kleinengstingen nach Münsingen am 1. Oktober 1893, Schelklingen–Münsingen folgte am 1. August 1901; Bauherr waren die Württembergischen Staatseisenbahnen.

Da Gomadingen keinen hauptamtlichen Schrankenwärter mehr besitzt, übernimmt das Zugpersonal dessen Aufgabe. Während 998 896 wartet, übt sich der Zugführer an der Kurbel für die beiden Schrankenbäume, die jedem Fitness-Studio zur Ehre gereichen würde.

Kleinengstingen, der Endpunkt des »Ulmer Spatz«, ist erreicht. Wer will kann hier in den Triebwagen der Hohenzollerischen Landesbahn nach Gammertingen umsteigen, der links vom Bahnhofsgebäude auf dem Vorplatz wartet. Da ein Mitglied des betreuenden Vereins heute im 998 896 Geburtstag feiert, ist der Wagen mit bunten Luftballons geschmückt.

Bahn 1999 von der DB übernahm. Und nicht minder erfreulich ist es, dass hier – nachdem schon mehrfach Dampfsonderzüge über sie gerollt waren – am 13. Juni 1999 der erwähnte »Ulmer Spatz«, der zuletzt in Oberbayern zwischen Prien und Aschau eingesetzt worden war –, mit der ersten regulären Fahrt ein weiteres neues Kapitel einläutete, pardon: einhupte. Und dies mit so großem Erfolg, dass sich die HzL dem ein Jahr später, nämlich am 28. Mai 2000, mit ihrem ersten Rad-Wander-Shuttle in kongenialer Weise anschloss. Auch auf dieser am 7. November 1901 eröffneten Strecke hatte es für den planmäßigen Personenverkehr eine lange Auszeit gegeben, die (vermeintlich) letzten Reisezüge zwischen Kleinengstingen und Trochtelfingen waren wie auf der Albbahn der DB im Sommer 1969 gefahren, der Personenverkehr zwischen Trochtelfingen und Gammertingen am 28. Mai 1972 ausgelaufen.

4.6.4 KBS 763 Metzingen–Bad Urach

Strecken auf die Alb – für die Württembergischen Staatseisenbahnen war das manchmal so etwas wie ein böser Traum. Die Probleme der berühmten Geislinger Steige mit ihren heftigen Krümmungen und Neigungen dürften da ebenso für sich sprechen wie die vom gleichen Eigentümer wegen ihres hohen technischen Aufwands wenig geliebte Zahnradstrecke Honau–Lichtenstein. Da war man dann doch ganz froh, wenn man diese oder jene Strecke nicht mehr auf die Alb hinauf führen musste, sondern zu ihren Füßen auslaufen lassen konnte. Die so genannte Ermstalbahn von Metzingen an der Hauptbahn Plochingen–Tübingen nach Bad Urach ist ein solcher Fall. Am Fuß der Berge war Schluss, und das blieb auch

Dettingen Mitte erschließt den Ort weit besser als der alte Bahnhof. Bei einem Sprung über das Balkongeländer (natürlich nur vom Erdgeschoss!) verkürzt sich der morgendliche Weg vom Frühstückstisch zum Zug auf unter zehn Sekunden. 650 107 ist am 17.10.1999 nach Metzingen unterwegs.

Der Blick auf die schöne Altstadt von Bad Urach wird ein wenig durch das klotzige Bahnhofsgebäude aus den Dreißigerjahren verdeckt. Wo einst die Züge hielten, rasen jetzt die Autos vorbei und der Zug, ja der muss sich nun mit dem linken Bildrand begnügen. Immerhin, er ist nach langer Abwesenheit wieder hier, und da nimmt der Fotograf am 17.10.1999 den Weg durch den langen Betontunnel in die Stadt gerne in Kauf.

so. Wobei spätestens jetzt hinzuzufügen ist, dass die Staatseisenbahnen erst mit einiger Verzögerung auf den Plan traten, denn erbaut und eröffnet – und zwar am 27. Dezember 1873 für den Personenverkehr und am 9. Januar 1874 für den Güterverkehr – wurde die 11 km lange Strecke von der privaten *Ermsthalbahn-Aktiengesellschaft*.

Erst zum 1. April 1904 übernahmen die Württembergischen Staatseisenbahnen das in Schwierigkeiten geratene Unternehmen, und sie machten keine Anstalten mehr, die Strecke über Urach hinaus auf die Alb und dann Richtung Donautal zu verlängern. Diese fehlende Verlängerung war wohl auch ausschlaggebend für die Probleme der Privatgesellschaft gewesen, nach Eröffnung der staatlichen Albbahn Reutlingen–Münsingen–Schelklingen (siehe Abschnitt 4.6.3) soll ihr viel Verkehr abhanden gekommen sein.

Kurzum, die Ermstalbahn blieb fortan eine staatliche Nebenbahn ohne große Besonderheiten, und über die Region hinaus bekannt – bei einigen Eisenbahnfreunden jedenfalls – wurde die Strecke erst, als sie zum 30. Mai 1976 ihren Personenverkehr verlor. Auch der Güterverkehr schien keine Perspektive mehr zu bieten, und so war das Schicksal der Bahn vorgezeichnet: Gesamtstilllegung. Das wiederum gefiel dem Uracher Busunternehmer Roland Hartl überhaupt nicht, der quirlige Mann entwickelte Reaktivierungspläne, übernahm schließlich Anfang der Neunzigerjahre die Strecke von der Bundesbahn gegen den symbolischen Preis von einer Mark zuzüglich Mehrwertsteuer und fügte sie in seine Ermstal-Verkehrsgesellschaft GmbH ein; inzwischen wurde die Bahninfrastruktur-Gesellschaft umgewandelt in Erms-Neckar-Bahn AG. Hartls Aktion scheuchte auch die an- und umliegenden Städte und Gemeinden sowie den Landkreis Reutlingen auf, man sprach in Stuttgart bei der Landesregierung sowie bei der landeseigenen Nahverkehrsgesellschaft Baden-Württemberg vor – und hatte schließlich Erfolg.

Nachdem man bereits ab dem 23. Mai 1998 zunächst einen sonntäglicher Ausflugsverkehr[10] mit alten Schienenbussen der DB fuhr, wurden nun Strecke, Stationen und das Drumherum endlich modernisiert bzw. ganz neu eingerichtet, und mit dem 1. August 1999 begann der reguläre Vollbetrieb. Auf den gleichermaßen kostenbewusst wie zweckdienlich erneuerten Anlagen[11] fährt seitdem die uns nun schon gut bekannte »DB ZugBus Regionalverkehr Alb-Bodensee« mit ihren Regio-Shuttles RS 1. Von den im werktäglichen Stundentakt verkehrenden Zügen fuhren im Fahrplan 2000/2001 einige ab Bad Urach über Metzingen hinaus via Tübingen nach Herrenberg (und umgekehrt) – womit wir eigentlich schon mitten im nächsten Abschnitt wären.

10 Ausflügler-Züge hatten schon früher eine große Rolle für die Ermstalbahn gespielt.

11 An den Bahnsteigen bzw. deren Mobiliar wird deutlich, dass man sich von der Albtal-Verkehrsgesellschaft hier gut beraten ließ; man vergleiche die Ermstalbahn mit den etwa zeitgleich sanierten Strecken nach Odenheim und Menzingen der AVG.

4.6.5 KBS 764 Entringen–Herrenberg

Baden-Württemberg galt jahrzehntelang als Musterländle der so genannten Nichtbundeseigenen Eisenbahnen (NE-Bahnen). Dies hatte seine guten Gründe, die wohl als bekannt gelten dürfen und hier nicht weiter erläutert werden müssen; man zähle nur die in diesem Buch aufgeführten bzw. namentlich genannten NE-Bahnen. In jüngster Zeit aber zeigt auch die Deutsche Bahn AG nicht zuletzt hier im deutschen Südwesten, zu was sie in der Lage ist, wenn nur die Voraussetzungen stimmen. Die Ammertalbahn Tübingen–Herrenberg, wo wie nebenan auf der KBS 763 (siehe Abschnitt 4.6.4) ebenfalls die roten Regio-Shuttles der »DB ZugBus Regionalverkehr Alb-Bodensee« brummen, ist da kein schlechtes Beispiel.

Blicken wir zurück: Am 25. Dezember 1966 war letztmals ein planmäßiger Personenzug der Bundesbahn auf der so genannten Ammertalbahn zwischen Tübingen und Herrenberg unterwegs gewesen, dann stellte man

Auch Entringen besitzt ein schönes Empfangsgebäude der Königlich Württembergischen Staatsbahn. Den heutigen Stand der Dinge repräsentiert der gläserne Wetterschutz und der gerade aus Herrenberg eingefahrene 650 101. Am 17.10.1999 wartet er auf die Kreuzung mit dem Gegenzug. Statt in Blau wie auf DB-eigenen Strecken hat man alle Namensschilder der Strecke in Rot lackiert.

In Gültstein endeten für viele Jahre die Schienen, und Personenzüge wie hier 650 101 gab es hier schon seit Weihnachten 1966 nicht mehr. Um 14.09 Uhr am 17.10.1999 steht die Abfahrt nach Herrenberg kurz bevor. Trotz der spurtstarken Motoren klingen die Regio-Shuttle von außen ein wenig nach Moped.

den Betrieb zwischen Herrenberg und Entringen ein und baute, obwohl niemals offiziell stillgelegt, die Strecke zwischen Herrenberg und Gültstein 1973 ab. Bis Gültstein fuhren dann gelegentlich von Tübingen aus noch Eisenbahnfreunde-Sonderzüge.

Auf dem Stück Tübingen–Entringen der erst relativ spät von den Württembergischen Staatseisenbahnen eröffneten Nebenstrecke[12] fuhren weiterhin Personenzüge, aber die an sich für einen vernünftigen Betrieb notwendigen Investitionen wurden stets aufgeschoben. Zum Schluss blieb nicht viel mehr als ein primär der Schülerbeförderung dienender Restverkehr.

Nun sind in und um Tübingen die Straßen bekanntlich nicht weniger überfüllt als in anderen Bereichen des Ballungsraumes Mittlerer Neckar. Was sich gegen die daraus erwachsenden Nachteile tun lässt, demonstrieren seit Mitte der Neunzigerjahre beispielsweise die Wieslauftalbahn (KBS 787; vgl. Abschnitt 4.6.8) und in unmittelbarer Nachbarschaft Tübingens die Schönbuchbahn (KBS 790.9; vgl. Abschnitt 4.6.9); beide Strecken verzeichneten nach ihrer Modernisierung bzw. Reaktivierung geradezu explosionsartig steigende Fahrgastzahlen.

Und so machte sich auch der Landkreis Tübingen daran, die Situation des örtlichen Schienennahverkehrs zu überdenken und nach Verbesserungen Ausschau zu halten. Trotz einigen Störfeuers[13] und nach Einholen von Gutachten über die Reaktivierung der Ammertalbahn

12 Der Abschnitt Herrenberg–Pfäffingen war am 12. August 1909 in Betrieb gegangen, das südliche Teilstück hatte wegen der Zeit raubenden Arbeiten am Tübinger Schlossbergtunnel bis zum 1. Mai 1910 auf sich warten lassen.

13 Die DB wollte die Reststrecke zu diesem Zeitpunkt offiziell stilllegen, weil durch sie in Herrenberg beim Bau der S-Bahn zusätzliche Kosten aufkamen; Daimler-Benz wollte die Trasse für einen Spurbus herrichten.

entschied sich der Landkreis, die Strecke bzw. Trasse, die man zu ihrer Sicherung im März 1994 von der Deutschen Bahn gegen den üblichen Kaufpreis von einer Mark plus Mehrwertsteuer übernommen hatte, umfassend zu modernisieren und bis Herrenberg wieder aufzubauen. Ein Jahr später gründeten die Landkreise Tübingen und Böblingen (zu 20 Prozent mit beteiligt) den »Zweckverband ÖPNV im Ammertal« (ZÖA). Nicht einmal ein weiteres Jahr später war man schon so weit, nach einer entsprechenden Ausschreibung der DB AG bzw. deren RAB den Zuschlag für den Betrieb auf der Strecke zu geben.

36 Millionen Mark mussten bis dahin verbaut werden, ein neuer Oberbau, zwei neue Stationen, neue Ausstattungen für die vorhandenen Halte und alles, was man sonst noch so braucht, wurden auf bzw. an die alte Trasse gestellt. Zum Fahrplanwechsel im Sommer 1999 sollte die neue Ammertalbahn den Betrieb aufnehmen. Daraus wurde jedoch nichts, da Adtranz die Regio-Shuttles nicht termingerecht liefern konnte, seit dem 1. August 1999 aber fahren wieder durchgehend Züge zwischen Tübingen und Herrenberg – verkehrsrote Regio-Shuttles!

Und wie sie fahren! Von Montag bis Freitag rollen die Züge von frühmorgens bis gegen 21 Uhr im Halbstundentakt, danach stündlich; viele Züge werden dabei durchgebunden bis Plochingen. Kurzum, der volle Erfolg der Ammertalbahn hat dem Mut der Landkreise Recht gegeben.

Für den Endpunkt einer Nebenbahn hat sich Maulbronn ein beeindruckendes, wuchtiges Empfangsgebäude geleistet. Am 27.1.1998 überzieht ein Hauch von Schnee die Stadt. Vielleicht werden eines Tages auch in Maulbronn die bekannten Karlsruher Stadtbahnwagen zum Alltagsbild gehören. Es fehlt eigentlich nur noch die Oberleitung.

4.6.6 KBS 772 Maulbronn–Maulbronn West

Es war vorrangig eine Idee des Verkehrsclubs Deutschland (VCD), und es war offensichtlich eine sehr gute Idee: unter dem Namen »Klosterstadt-Express« eine Schienenverbindung zum berühmten Kloster Maulbronn anzubieten, um dem allsonntäglichen Autowahn etwas Sinnvolles entgegenzusetzen. Die dazu notwendige Schienenverbindung vom Bahnhof Maulbronn an der alten Hauptbahn Stuttgart–Mühlacker–Bruchsal nach Maulbronn Stadt war ja noch vorhanden, auch wenn auf dieser am 1. August 1914 von den Württembergischen Staatseisenbahnen eröffneten Stichstrecke – bekannt geworden ist sie wohl vor allem als Einsatzgebiet der Kittel-Dampftriebwagen – schon seit dem 3. Juni 1973 kein planmäßiger Reiseverkehr mehr herrschte. Mit vier nur sonntags verkehrenden Zugpaaren begann die Renaissance dieser Strecke, der erste Betriebstag war der 1. Juni 1997, befristet war das Angebot zunächst bis zum 28. September desselben Jahres.

Die Nachfrage auf dieses Angebot war so gut, dass man es in der nächsten Sommersaison schon ausdehnen konnte, auch 1999 blieb es im Wesentlichen so erhalten. Vom Sommer 2000 an jedoch setzte man der Idee die Krone auf: »Mit dem VCD-Klosterstadt-Express auf den Spuren Hermann Hesses« lautete nun das Motto – auch im Kursbuch. Angeboten wurden fortan neben acht Zugpaaren zwischen Maulbronn Stadt und Maulbronn West nun auch vier Zugpaare, die in Tübingen beginnen und über Horb und Pforzheim die Klosterstadt Maulbronn erreichen; alle verkehren sonn- und feiertags.

4.6.6.1 KBS 772 Verbindungskurve Mühlacker

Diese Züge sind für uns vor allem deswegen interessant, weil sie nicht in den Bahnhof Mühlacker einfahren und dort Kopf machen, sondern diesen auf der ansonsten nur dem Güterverkehr dienenden Verbindungskurve im westlichen Vorfeld umfahren. Am 28. Mai 2000 geschah dies zum ersten Mal, und offenbar fand der Klosterstadt-Express seitdem so viel Zustimmung, dass er fast unverändert ins Fahrplanjahr 2001/02 übernommen wurde.

4.6.7 KBS 787 Rudersberg–Rudersberg Nord

Hier, auf der so genannten Wieslauftalbahn[14], begann vor nicht einmal zehn Jahren so etwas wie die Nagelprobe für einen neuen, besseren Nahverkehr auf einst abgewirtschafteten Nebenbahnen. Hintergrund: Am 30. Mai 1980 hatte die Bundesbahn letztmals einen planmäßigen Personenzug aus Schorndorf über Rudersberg hinaus bis Welzheim fahren lassen, ein einziges Alibi-Zugpaar hatte damals noch für diesen Abschnitt im Kursbuch gestanden. Die Stilllegung des windungs- und steigungsreichen Teilstücks Rudersberg–Welzheim schien damals nur der Auftakt zum Abbau der gesamten Strecke zu sein, mehr und mehr Züge wurden im Laufe der Achtzigerjahre auch zwischen Schorndorf und Rudersberg durch Busse ersetzt; die fuhren nun einmal deutlich billiger als die gern hundert oder noch mehr Liter Diesel auf 100 km schlürfenden Maschinen der Baureihe 212. Für moderne Nahverkehrsfahrzeuge hatte die Bundesbahn kein Geld, für eine Modernisierung der Strecke erst recht nicht, die Sache schien besiegelt.

Gottlob kam alles ganz anders. Das alltägliche Verkehrschaos auf den Straßen, das sich im Remstal kaum harmloser gebärdet als in Stuttgart, dem Ziel der meisten Autofahrer, sowie die Einbindung der Remstalbahn bis Schorndorf ins S-Bahn-Netz führten zu einer damals noch höchst seltenen Konstellation: Die Gebietskörperschaften gründeten den Zweckverband Wieslauftalbahn und handelten 1993/1994 für die übliche Mark plus Mehrwertsteuer der DB die Strecke ab. Das Land Baden-Württemberg hatte zuvor Ende 1992 zugesagt, mit Mitteln aus dem Gemeindeverkehrsfinanzierungsgesetz (GVFG) eine Modernisierung der Infrastruktur im Wieslauftal zu bezuschussen, gleichzeitig erging dieses Signal auch für die Strecken Tübingen–Herrenberg, Metzingen–Urach und Böblingen–Dettenhausen. Damit stand die neue Basis. Der Zweckverband setzte die Streckenmodernisierung in Gang und schrieb den Betrieb aus. Diese Ausschreibung gewann die Württembergische Eisenbahngesellschaft (WEG), die seit Anfang des Jahres 1995 anstelle der DB hier die Züge fährt. Der Erfolg war riesig, schon nach drei Jahren näherte man sich der

14 Zur Geschichte der Wieslauftalbahn vgl. Albrecht Ebinger, Die Wieslauftalbahn Schorndorf – Rudersberg – Welzheim, Stuttgart 1998.

Auch auf der Wieslauftalbahn wurde der Regio-Shuttle inzwischen heimisch. VT 423 »Wiesel« kommt am 3.9.1998 aus Rudersberg Nord am neuen Triebwagenschuppen von Rudersberg vorbei. Der Großteil der Fahrzeugflotte besteht hier jedoch aus Trieb- und Steuerwagen der Bauart NE 81.

Ob Rudersberg Nord der Endpunkt der Strecke nach Welzheim bleibt wird sich zeigen. Am 19.6.2000 wendet hier VT 421, ein Triebwagen der Bauart NE 81. Mit diesen Fahrzeugen aus Berlin und den dieselelektrischen Wagen von LHB (vgl. Abschnitt 4.1.3) begann nach langer Pause der Neubau von Triebwagen für Privatbahnen in Deutschland.

Grenze von einer Million Fahrgästen pro Jahr. Inzwischen pendeln die Triebwagen in den Hauptverkehrszeiten im Halbstundentakt und können trotzdem nicht immer der Nachfrage Herr werden.

All das hätte genau genommen in diesem Buch nichts zu suchen, denn bislang ist ja lediglich von der Modernisierung einer im Personenverkehr stets bedienten Strecke die Rede gewesen. Für uns relevant ist die Sache deshalb, weil seit Betriebsaufnahme durch die WEG die Züge aus Schorndorf nicht mehr in Rudersberg enden, sondern um knapp 1,5 km weiter fahren bis Rudersberg Nord, wo sich das Schulzentrum Rudersberg-Oberndorf befindet. Da schon damals sonn- und feiertags nur Dampfsonderzüge und keine Plan-Züge fuhren, begann der reguläre Betrieb am 2. Januar 1995. Und dieser Abschnitt bis Rudersberg Nord liegt auf dem am 25. November 1911 von den Württembergischen Staatseisenbahnen eröffneten und am 30. Mai 1980 von der alten Bundesbahn aufgegeben Teilstück nach Welzheim. Derzeit wird sogar eine weitere Verlängerung um knapp zwei Kilometer bis Oberndorf vorbereitet.

4.6.8 KBS 790.9 Böblingen–Dettenhausen

Noch einmal das gleiche Modell: Vom Chaos auf ihren Straßen geplagte Gebietskörperschaften gründen einen Zweckverband, um eine stillgelegte bzw. von der Stilllegung bedrohte Bundesbahnstrecke zu übernehmen und zu reaktivieren, überweisen dafür eine Mark plus Mehrwertsteuer, erhalten kräftige Zuschüsse von der Landesregierung für die Modernisierung bzw. den Wiederaufbau, setzen ihr Vorhaben um und fahren geradewegs in den Erfolg. So einfach ist das.

Auch in gelb/weiß macht der Regio-Shuttle eine gute Figur. In dieser Farbe ist VT 430 am 1.4.1997 bei Böblingen-Heusteigstraße unterwegs. Heute halten die Züge an erheblich mehr Haltestellen als früher und verkürzen so trotz etwas längerer Fahrtzeiten die Fußwege zu den Siedlungs- und Arbeitsschwerpunkten.

Noch ein wenig Eisenbahnromantik hat sich der Endpunkt Dettenhausen erhalten. Das verspielte Gebäude mit der sehr ungewöhnlichen Dachform stammt aus einer Zeit, als der Verkauf einer Fahrkarte noch als staatlicher Hoheitsakt angesehen wurde. Andererseits bekam sie der Fahrgast dann als Ergebnis dieses Aktes persönlich ausgehändigt, während man jetzt im Wetterschutzhäuschen mit dem Fahrkartenautomaten des VVS kämpfen muss. VT 433 wartet am 4.12.1998 auf Gäste, es liegt Schnee in der Luft.

Aber wenn das so einfach ist: Warum bloß ist kaum jemand schon früher auf diese Idee gekommen? Nun, es war wohl jene unselige traditionelle Geisteshaltung vieler Institutionen der »alten« Bundesrepublik gegenüber Bahn-Dingen, die in etwa so aussah: Bundesbahn-Angelegenheiten gehen die Kreise, Städte und Gemeinden in der Regel nichts an; wenn die DB Geld für Investitionen braucht, dann soll sie sich das doch bei ihrem Eigentümer, der Bundesrepublik Deutschland besorgen! Nach diesem Modell sind hunderte von Nebenbahnen bzw. Nebenbahnabschnitten aufs Abstell- oder Schrottgleis rangiert worden. Aber lassen wir dieses leidige Thema.

Konkret zur Sache, der Schönbuchbahn nämlich. Auch bei ihr blies der Fahrgastansturm alle Prognosen rasch dahin, mit etwa 2.500 Passagieren täglich hatte der Zweckverband Schönbuchbahn gerechnet, doch schon kurz nach Wiedereröffnung der Strecke zwischen Dettenhausen und der Gäu- und S-Bahn-Station Böblingen am 1. Dezember 1996 zählte man werktags über 3.700 Fahrende, inzwischen sind es über 6.000, für die im Halbstundentakt die Regio-Shuttles brummen. Die S-Bahn-Anbindung nach Stuttgart darf im Übrigen als wichtiges Erfolgskriterium gelten, hier wie auch in Schorndorf oder Herrenberg.

Mit der kräftig wachsenden Nachfrage bekamen die Leute vom Zweckverband bzw. vom Betreiber WEG ein Problem, mit dem sie zu Beginn dieses Projektes kaum gerechnet haben dürften: Immer wieder erwies sich der Fahrzeugpark als zu klein und von anderen WEG-Bahnen musste Aushilfe beschafft werden, da die Industrie nicht schnell genug Neuware liefern konnte. Und auch die Bahnsteige mussten inzwischen verlängert werden, da jetzt sogar mit Dreifachtraktion gefahren wird. Probleme dieser Art wünscht man eigentlich allen Eisenbahnbetrieben der Welt – wenn man ihnen denn schon ausgerechnet Probleme wünschen wollte.

Abschließend ein Bericht aus der grauen Vorzeit der Schönbuchbahn: Spät erst, am 16. Oktober 1910, eröffneten die Württembergischen Staatseisenbahnen die Nebenstrecke Böblingen–Schönaicher First–Weil im Schönbuch, von dort bis Dettenhausen fuhren die ersten Planzüge am 29. Juli 1911; 1922 kam dann noch die Stichstrecke Schönaich–Schönaicher First hinzu. Viel Bahnbetrieb herrschte hier im Schönbuch früher nicht, nach Schönaich endete der Personenverkehr schon 1954, auf der Stammstrecke Böblingen–Dettenhausen am Silvestertag des Jahres 1966. Auch der Güterverkehr hatte bald keine Bedeutung mehr, 1988 leitete die Bundesbahn das Stilllegungsverfahren ein und tat damit letztlich jenen Schritt, der schließlich mitten in die Zukunft der Schönbuchbahn führte.

4.7 Bayern

4.7.1 KBS 815 Rentwertshausen–Mellrichstadt

Bayern ist ein reiches, schönes und großes Land, aber mit seinen Eisenbahnen tut es sich schwer. Zahllose Nebenstrecken sind hier in den letzten Jahrzehnten aufgegeben worden, nur eine Einzige wurde bislang reaktiviert, die Strecke Mühldorf–Wasserburg (vgl. Abschnitt 4.7.4). Die wenigen von der Landesregierung gepuschten

Russische und rumänische Diesellokomotiven haben sich auf dem Lückenschluss zwischen Rentwertshausen und Mellrichstadt breit gemacht. Im Juni 1993 röhrt der Kolomna-Diesel der 232 012 noch ungedämpft bei Mühlfeld durch die Landschaft. Hinter der Lok ist ein grüner langer Halberstädter zu erkennen, ebenfalls noch unmodernisiert.

Viel Geld hingegen hat man bei Krupp in Essen in diese Rumänin investiert. Eigentlich sind nur der Lokkasten und die Drehgestelle von der Ursprungsmaschine übrig geblieben. Doch ob sich das gelohnt hat? 229 100, die hier im April 2000 noch mit dem Regionalexpress nach Schweinfurt in Rentwertshausen aktiv ist, wurde schon 2001 ausgemustert.

Modernisierungsvorhaben wurden oft groß angekündigt, aber nicht immer konsequent zu Ende geführt.

Alles Geld, so könnte man meinen, fließt in den Ausbau der Münchner S-Bahn – zugegeben, ein paar S-Bahn-Mittel kommen auch Nürnberg und Umgebung zugute – und in die Umfeld- und Begleitmaßnahmen der Neubaustrecke Nürnberg–München, der große Rest der weiß-blauen Schienenwelt, so scheint es, ist irgendwie nicht von Belang. Natürlich ist das überspitzt formuliert, die Autoren sind sich durchaus der Rolle des Landes etwa bei der Förderung der Neigetechnik für Mittel- und Oberfranken sowie für die Oberpfalz bewusst.

Wenn Bayern doch an dieser Stelle vertreten ist, so ist das vornehmlich der Wiedervereinigung Deutschlands geschuldet. Hier handelte man wirklich zügig. Schon am 28. September 1991 wurde der Verkehr zwischen Mellrichstadt und Rentwertshausen sowie zwischen Neustadt bei Coburg und Sonneberg wieder aufgenommen, zusammen rund 80 Mio. Mark investierten dafür Bundesbahn und Reichsbahn. Das ist im Vergleich zu anderen »Lückenschlüssen« nicht allzu viel, erklärt sich aber letztlich natürlich daraus, dass beide Verbindungen in erster Linie nur für Anforderungen des Regionalverkehrs hergerichtet wurden. Das fällt besonders bei der seit 1945 unterbrochenen Verbindung Mellrichstadt–Rentwertshausen ins Gewicht, diese war nämlich als Teil der Fernroute Erfurt–Schweinfurt früher zweigleisig gewesen, sogar ein vornehmes FD-Zugpaar (FD 7/8 Stuttgart–Erfurt–Berlin) verkehrte hier neben normalen D-Zügen, ehe der Zweite Weltkrieg der Sache ein Ende machte. Deutsche Einheiten zerstörten im April 1945 vor den anrückenden Amerikanern einige Brücken, der Verkehr zwischen Schweinfurt und Meiningen kam damit zum Erliegen.

Nach Kriegsende fuhren dann noch ein paar Güterzüge, aber als im Juli 1945 die Amerikaner aus Thüringen abzogen und der Roten Armee dieses Feld überließen, war auch damit Schluss. Vom 4. August 1947 an fuhr die Bundesbahn dann wieder über Mellrichstadt hinaus bis zum Dorf Mühlfeld, aber mit dem 20. Mai 1966 hatte auch das ein Ende, die Strecke diente östlich von Mellrichstadt noch eine Zeit lang als Abstellgleis für Güterwagen, dann wurden die Schienen demontiert. Die Reichsbahn im Osten ließ ihre Züge in Rentwertshausen enden, von dort aus wurde damals außerdem die Stichstrecke nach Römhild bedient.

Gut eineinhalb Jahre nach ihrer Wiedereröffnung schwang sich die thüringisch-fränkische Verbindung wieder zur D-Zug-Strecke auf. Mit dem Fahrplanwechsel am 23. Mai 1993 tauchten auf ihr zwei durchgehende Schnellzugpaare (D 2152/53 Würzburg–Berlin und D 2154/55 Würzburg–Cottbus) auf, diese benutzten die zeitgleich wieder eröffnete »Grimmenthaler Kurve«, die eigentlich mehr ist als eine Kurve (s.u.), die auf dem Weg von bzw. nach Oberhof und Erfurt die Umfahrung Meiningens und das Kopfmachen ebendort überflüssig macht. Aus den beiden D-Zügen wurde später der Interregio »Rennsteig«, der mit Ablauf des Fahrplans 2000/2001 eingestellt wurde, die »Kurve« wird aber weiter von RE-Zügen der Relation Erfurt–Oberhof–Schweinfurt befahren. Mehr ist leider vom Fernverkehr nicht geblieben.

4.7.1.1 KBS 815 Grimmenthal–Ritschenhausen

Werfen wir noch einen Blick auf die Anfänge. Die Verbindung (Schweinfurt–) Ebenhausen–Mellrichstadt–Grenze–Rentwertshausen–Mellrichstadt war am 15. Dezember 1874 von den Bayerischen Staatseisenbahn und den Sachsen-Meiningischen Staatseisenbahnen eröffnet worden, der Betrieb oblag jedoch allein den Bayern, die dann 1895 die Sachsen-Meiningische Strecke auch ganz übernahmen und später mit in die Reichsbahn einbrachten. Dort fand sich zu gleicher Zeit auch die »Grimmenthaler Kurve« ein, also jene 3,3 km lange Verbindungsstrecke von Grimmenthal nach Ritschenhausen an der Meiningen-Schweinfurter Bahn, die am

Als 141 037 am 21.10.1999 aus Neustadt in Sonneberg einläuft, ist dies die einzige aktive Bahnlinie, die Sonneberg erreicht. Der einzelne alte Silberling hinter der Lok spricht auch nicht gerade für ausgeprägten Massenverkehr. Wünschen wir Sonneberg, dass man bald wieder von dort in drei Richtungen fahren kann.

Nach dem im Text erwähnten Eröffnungszug waren Reichsbahn-Elektroloks in Sonneberg nur sehr selten zu sehen, gab es doch keine elektrifizierte Strecke ins ehemalige DR-Netz. Eine Ausnahme bildet 142 211, die längere Zeit hier den Heizdienst übernahm. Am 21.10.1999 sind die Modernisierungsarbeiten am Empfangsgebäude in vollem Gange.

1. August 1884 von den Preußischen Staatseisenbahnen als Anbindung der Strecke von/nach Erfurt an das nordbayerische Eisenbahnnetz eröffnet worden war.

Weil in den Jahren der deutschen Teilung eine solche Verbindung keinen Wert hatte, war sie auch von der DDR-Reichsbahn nicht mehr benutzt worden. Wer von Rentwertshausen nach Grimmenthal wollte, ging zu Fuß, nahm Fahrrad oder Trabi oder die Eisenbahn über Meiningen – und das ist im Prinzip auch heute so, denn Regionalbahnen, die in Ritschenhausen halten und dann nach Grimmenthal statt Meiningen fahren, gibt es nicht.

4.7.2 KBS 830 Neustadt (b Coburg)–Sonneberg (Thür) Hbf

Die so genannten »Zonenrandgebiete« erfreuten sich gelegentlich in der alten Bundesrepublik in dieser oder jener Hinsicht durchaus einer besonderen Beachtung, besonders dann, wenn einflussreiche Politiker dort ihren Wahlkreis hatten. Beispiel Neustadt bei Coburg: Der Bahnhof dieser Stadt bildete jahrzehntelang den Endpunkt der eingleisigen Hauptstrecke aus Coburg, konnte aber nicht eben viel Verkehr aufweisen. Dennoch wurde die Verbindung Neustadt–Coburg 1975 elektrifiziert, und zwar auf ausdrücklichen Wunsch der Münchner Staatsregierung, die dazu der Bundesbahn auch einen Millionen-Zuschuss gewährte. Man kam nun also schneller nach Neustadt und von dort zurück, allerdings weiterhin nur über Coburg. Und vielleicht war dies auch eine kleine Entschädigung dafür, dass man bei den Neustädtern jahrelang Hoffnungen genährt hatte, der Eisenbahn-Übergang ins nahe Sonneberg könne im Rahmen eines »kleinen Grenzverkehrs« wieder geöffnet werden.

Die einst von der Werra-Eisenbahngesellschaft am 2. November 1858 eröffnete Strecke – zum 1. Oktober 1895 ging sie in Preußens Staatseisenbahnen auf – war nämlich nach dem Zweiten Weltkrieg nicht gleich kompromisslos dicht gemacht worden. Am 10. Mai 1945, als die schlimmsten Kriegsschäden in und um Coburg aufgeräumt waren, konnte man erstmals wieder bis Sonneberg fahren, und solche oder ähnliche Fahrten – es handelte sich dabei stets um Güterzüge – gab es, mit mancherlei Unterbrechungen natürlich, bis zum 30. September 1951. Alle nun noch folgenden Bemühungen von bayerischer Seite, die Grenze für die Bahn wieder durchlässig zu machen, blieben jedoch im Dickicht der innerdeutschen Verwicklungen und der hartnäckigen Verweigerungspolitik der DDR stecken. Schließlich resignierte auch die Bundesbahn und baute das Gleis, sofern es nicht mehr als Ziehgleis des Bahnhofs Neustadt benutzt wurde, 1979 bis zur Grenze ab.

Was zehn Jahre später geschah, muss nicht weiter erläutert werden. Natürlich stand die Verbindung Neustadt–Sonneberg ganz oben auf der Prioritätenliste, beide Städte hatten in ihren Ländern verkehrsgeografisch tief im Abseits gelegen und sind auch heute von allen großen Verkehrswegen recht weit entfernt, die Wiederherstellung der alten nachbarschaftlichen Verbindungen war da geradewegs ein Muss. Und so ging dann alles auch vergleichsweise flott – für Eisenbahn-Verhältnisse jedenfalls, bei Straßen geht bekanntlich alles noch viel flotter. Am 28. September 1991 rollte der Premierenzug, bestehend aus der Reichsbahn E-Lok 243 302 und IC-Wagen der Bundesbahn, von Coburg nach Sonneberg, wo mit einer Fahrzeugschau und allerlei anderen Dingen das Ereignis gebührend gefeiert wurde. Seitdem ist hier wieder der Alltag eingekehrt: Die Züge dienen vornehmlich Schülern und Berufspendlern, der Güterverkehr ist mau, nebenan fahren parallel die Busse. Und wenn der nun unter Strom liegende Bahnhof Sonneberg heute mal wieder Schlagzeilen macht, so geht es nicht mehr um die Strecke nach Neustadt bzw. Coburg, sondern um Lauscha, Eisfeld und andere Orte. Der Streit um die Strecken des Sonneberger Netzes ist längst legendär, erfreulicherweise sieht es derzeit danach aus, dass diese Routen bald wieder bedient werden.

Regio-Shuttle in Grün fehlen uns noch. Am 23.4.2000 hat sich neben VT 25 der Regentalbahn auch die tschechische 754 015 in den deutschen Bahnhofsteil von Bayerisch Eisenstein gewagt, was noch vor einigen Jahren mit Schüssen und einer Entgleisung geendet hätte.

4.7.3 KBS 905 Grenzübergang Bayerisch Eisenstein

Der Fall ist kompliziert und gehört ganz streng genommen nicht in dieses Buch, denn die tatsächlich wieder eröffnete Strecke liegt jenseits der deutschen Grenze. Trotzdem soll der Sachverhalt hier nicht übergangen werden: Seit dem 1. Mai 1991 können Eisenbahnreisende in Bayerisch Eisenstein wieder die nach dem Zweiten Weltkrieg abgeriegelte Grenze überqueren, also heute diejenige zwischen der Bundesrepublik Deutschland und der Tschechischen Republik. Der Personenverkehr war hier 1945, der Güterverkehr 1953 eingestellt worden.

Dabei müssen die Fahrgäste allerdings von Zügen der DB auf Fahrzeuge der Tschechischen Staatsbahn (CD) umsteigen und umgekehrt. Durchgehende Planzüge gibt es bis heute nicht, allerdings sind die Anschlüsse im Laufe der Zeit deutlich verbessert worden. Insgesamt ist das Angebot wahrlich nicht schlecht, rund ein Dutzend Züge beider Staatsbahnen erlaubt heute eine ganze Reihe interessanter Reiseverbindungen.

Möglich geworden ist dies, weil auf böhmischer Seite die vordem für Reisezüge gesperrte Strecke von Eisenstein Stadt nach Eisenstein Grenze (Zelezná Ruda–Zelezná Ruda Mesto) mit einer Länge von 4 km wieder geöffnet wurde und man die Schienen im gemeinsamen Grenzbahnhof wieder verknüpfte. Gleichzeitig wurden dort ein paar Gleise, die früher vor allem dem grenzüberschreitenden Güterverkehr dienten, abgebaut, gleiches geschah mit dem Grenzzaun. Schräg durch den Bahnhof, über die Gleise sowie den Bahnsteig läuft be-

Rechts vom durchgehenden deutsch/tschechischen Bahnsteig hat sich eine Parade von »Brillenschlangen« aufgebaut. So nennen die tschechischen Eisenbahner die Dieselloks mit den ungewöhnlichen Führerstands-Verglasungen. 754 015, 754 024 und 750 236 sind alle anders lackiert. Und der Fotograf steht am 23.4.2000 genau auf der Grenze und zwischen den Gleisen, während die Grenzer beider Staaten ungerührt dem ungehörigen Treiben zusehen.

So stellt man sich eine bayerische Lokalbahn vor, obwohl es sich hier gar nicht um eine solche handelt. Der Wetterschutz in Mittergars dient nur den Reisenden in Richtung Rosenheim, während die am 7.4.2001 nicht vorhandenen Reisenden nach Mühldorf im Frühlingsregen stehen.

kanntlich die Grenze. Links und rechts dieses neuen Bahnsteigs, auf dem auch die Grenzkontrollen stattfinden, halten die deutschen bzw. tschechischen Züge.

Aber da ist noch mehr. Mit den Museumszügen des Localbahnmuseums Bayerisch Eisenstein, das im alten Bahnbetriebswerk der Bayerischen Staatseisenbahn[15] am Westkopf des Bahnhofs zuhause ist, kann man sogar in den Böhmerwald hinein dampfen, und zwar an knapp drei Dutzend Tagen im Jahr (KBS 12906). Zum Einsatz kommen dabei tschechische Lokomotiven und Wagen.

15 Diese hatte die Strecke nach Eisenstein zwei Monate nach den Kollegen auf böhmischer Seite am 15. November 1877 in Betrieb nehmen können; gebaut hatt die Strecke noch die bayerische Ostbahn, mit dem Eröffnungstag war sie jedoch von den Staatseisenbahnen übernommen worden.

4.7.4 KBS 944 Mühldorf–Wasserburg (Inn) Bf

Erinnern Sie sich noch: Da gab es einmal eine Hauptbahn in Bayern, die endete an einer großen Brücke. Die Fahrgäste mussten den Schienenbus an dieser – es handelte sich sehr wohl um eine Eisenbahnbrücke! – verlassen und das Bauwerk zu Fuß überqueren, am anderen Ende wartete dann der nächste Schienenbus zur Weiterfahrt. Ja, so war das an der Jettenbacher Inn-Überquerung im Zuge der Nebenbahn Wasserburg–Mühldorf, und zwar zwischen dem 27. Mai 1979 und dem 29. Mai 1985. Schon am 1. Oktober 1978 war die Brücke für Züge gesperrt worden, darauf wurde der Fußweg gezimmert. Mit dem Fahrplanwechsel im Frühjahr 1985 also wurde die Brücke gänzlich gesperrt und der Schienenverkehr Wasserburg–Mühldorf eingestellt. Niemand gab damals auch nur einen Pfifferling auf die Zukunft dieser durchaus traditionsreichen Verbindung, die von den Bayerischen Staatseisenbahnen am 1. Mai 1876 auf 62 km Länge zwischen Rosenheim und Mühldorf eröffnet worden war.

Denn da war ja nicht nur die Brücke bei Jettenbach, etwas weiter flussaufwärts liegt die noch weit imposantere Königswarter Innbrücke, 279 m lang und 50 m über den Inn sich erhebend; auch sie war ein sehr, sehr teurer Sanierungsfall. Die DB also wollte die ganze Verbindung stilllegen, nicht zuletzt aus verteidigungspolitischen Gründen wurde ihr die Erlaubnis dazu jedoch vom Bund verweigert. Kurzum, die Strecke musste wieder in Stand gesetzt werden, um im Ernstfall als (alternative) Transportroute zur Verfügung zu stehen, die Ost-West-Konfrontation hatte also gelegentlich auch ihr Gutes. Und weil man rund um Mühldorf inzwischen an einem verbesserten Nahverkehrskonzept bastelte, dem »Mühldorfer Stern«, lag es nahe, wieder Züge auf der sanierten Strecke fahren zu lassen. Am 29. Mai 1994 war es soweit, damals ganz neu in Dienst gestellte VT 628 bieten seitdem mit bis zu 120 km/h eine schnellere Verbindung zwischen Wasserburg bzw. Rosenheim und Mühldorf als jemals zuvor.

In Waldkraiburg lag der alte Bahnhof, ein typisch bayerischer Würfel, etwas ungünstig zum Ort. Deshalb hat man anlässlich der Reaktivierung der Strecke einen neuen Haltepunkt errichtet, an dem am 7.4.2001 der Steuerwagen 928 540 das Einsteigen der Schüler abwartet.

5. Neutrassierungen, Verbindungskurven, enttäuschte Hoffnungen

In den Jahren seit 1980 sind bei den deutschen Eisenbahnen eine Menge von Neutrassierungen vorgenommen und neue Verbindungskurven geschaffen worden, die auch dem Reiseverkehr unmittelbar zugute kommen. Wir werden uns im Folgenden – aus Platzgründen, aber auch um den Leser nicht zu ermüden – auf die wichtigsten Objekte konzentrieren müssen; die Auswahl ist dabei sicherlich ab einem gewissen Punkte subjektiv. Zu den Verbindungskurven ist in dieser Hinsicht noch Folgendes anzumerken: Allein die durch die zahllosen Baumaßnahmen in den neuen Bundesländern für bestimmte Fahrplanabschnitte erzwungenen planmäßigen Umleitungen von Reisezügen haben angesichts der hohen »Kurvendichte« der neuen Länder zu einer solchen Vielzahl neuer Kurven-Fahrten geführt, dass wir diesen Bereich der temporären planmäßigen Fahrten auch nicht in annähernder Übersichtlichkeit darstellen können und deshalb hier ausblenden.

Diese hohe »Kurvendichte« hat zum einen mit der Vielzahl der Turmbahnhöfe im Osten der Bundesrepublik zu tun, aber auch damit, dass von den Eisenbahnplanern des Warschauer Paktes zahllose strategische Ausweichrouten geschaffen wurden, die im Kriegsfall als Ersatzstrecken zur Versorgung der kämpfenden Truppen dienen sollten, aber gelegentlich auch zivile Nutzung erlebten; ein Beispiel dafür werden wir unten kennen lernen.

5.1 Neutrassierungen

Bei den Neutrassierungen ragen jene Vorhaben heraus, die einer Beschleunigung des schnellen Fernreiseverkehrs dienen, es also erlaubten, die zulässige Höchstgeschwindigkeit im betreffenden Abschnitt anzuheben. Solche »Linienverbesserungen« – so der korrekte Fachterminus – waren unmittelbarer Ausdruck des Willens der ehemaligen Deutschen Bundesbahn (DB), vor allem ihr IC-System, das Kernstück des Fernreiseverkehrs, wettbewerbsfähig zu erhalten.

Im Berichtszeitraum war das erste große Objekt dieser Art die Linienkorrektur der »Rollbahn« Osnabrück–Bremen im Raum Lemförde. Hier entstand auf etwa zwei Kilometern Länge eine völlig neue Streckenführung mit sehr weiten Kurvenradien und einem neuen Bahnhof, welche die alte Trasse und den alten Bahnhof Lemförde ablöste. Seit ihrer Inbetriebnahme – offizielle Eröffnung war am 9. Dezember 1983 – kann auf dem gesamten Abschnitt Bohmte–Diepholz mit 200 km/h Höchstgeschwindigkeit gefahren werden, was anschließend eine reale Fahrzeitverkürzung von fünf Minuten erlaubte.

Mit großem Aufwand – gleichwohl kaum notiert von der Fachöffentlichkeit – hat die Bundesbahn in den Achtzigerjahren eine neue Trasse vornehmlich für die IC-Züge der Relation Dortmund–Hagen aufgebaut. Hintergrund war folgendes Problem. Der zuvor von den Fernzügen genutzte Weg über Witten-Annen Nord kreuzte im Vorfeld des Dortmunder Hauptbahnhofs die Gleise der im Aufbau befindlichen S-Bahn Rhein-Ruhr. Die S-Bahn hält in Dortmund am Hausbahnsteig bzw. dessen Nachbarbahnsteigen, die Bahnsteige der Fernzüge liegen weiter außen. Mit der Ausdehnung des S-Bahn-Betriebs auf weitere Linien, darunter später auch Dortmund–Witten–Hagen, war dieser Zustand nicht mehr hinnehmbar. Also wurde für die Fernzüge eine neue Route geschaffen, die zunächst der Fernbahn nach Essen folgt, dann aber kurz vor Bochum-Langendreer mit aufwändigen Bauwerken, wie Dammlage, Tunnel und Überwerfungsbauwerken, aus dieser aus- und in die Strecke Bochum–Witten einfädelt. Das leidige Dortmunder Kreuzungsproblem war mit Eröffnung der neuen Strecke – man könnte natürlich

Zwischen Dortmund und Witten hat man die neue Strecke aus Dortmund (mittlere Gleise) kreuzungsfrei in die alte Verbindung nach Bochum eingefädelt. Auf beiden Strecken fahren zahlreiche Reisezüge, auch wenn uns am 28.9.2001 nur ein schwerer Güterzug mit 232 683 an der Spitze aus Richtung Bochum entgegenkommt.

auch von einer Verbindungskurve sprechen – am 28. Mai 1988 gelöst.

Zu den wegen des »Mischbetriebs« besonders problematischen Magistralen der DB gehört die KBS 980 Ulm–Augsburg. Sie ist dicht belegt mit Reise- und Güterzügen, vor allem der schnelle Fernverkehr leidet unter der kurvenreichen Trassierung dieser traditionsreichen Strecke. Besonders drastische Geschwindigkeitseinbrüche erzwang der alte, in einer engen Kurve liegende Bahnhof Gessertshausen. Am 26. September 1992 wurde sein Nachfolger mitsamt einer Linienverbesserung im Umfeld offiziell eingeweiht, de facto war die alte Trasse hier jedoch schon drei Monate früher außer Betrieb genommen worden.

Ähnlich lagen die Dinge zwischen Würzburg und Nürnberg. Die nur 102 km lange und von den IC/EC und ICE ohne Halt durchfahrene Strecke forderte selbst diesen schnellen Zügen bis Sommer 1999 ein Fahrzeit von 55 Minuten ab. Eine ganze Reihe verknüpfter, aber nach und nach über Jahre hinweg vorgenommener Linienverbesserungen auf dem 29 km langen Abschnitt Neustadt/Aisch–Iphofen erlaubte es, dass seit dem 3. Mai 1999 hier bis zu 200 km/h gefahren werden können. Dies drückte die Reisezeit auf heute 52 Minuten, wobei, und das ist für den alltäglichen Betrieb zwischen den wichtigen Knoten ebenso wichtig, noch eine große Fahrzeitreserve gewonnen werden konnte.

Die anstehende Grundsanierung samt Elektrifizierung etc. der Magistrale Erfurt–Eisenach nach der Wiedervereinigung nutzte die DB, um am heute verschwundenen Block Leinakanal bei Gotha eine größere Linienkorrektur vorzunehmen, die ebenfalls eine deutliche Heraufsetzung der höchst zulässigen Geschwindigkeit erlaubte; seit dem November 1994 (Ost-West-Gleis) bzw. Dezember (Gegenrichtung) 1994 wird hier die neue, »schnellere« Trasse befahren.

Wer über Erfurt hinaus weiter in Richtung Osten fährt und dann beispielsweise in Leipzig in den ICE nach Berlin umsteigt, wird gut eine halbe Stunde später eine der aufwändigsten Linienverbesserungen der letzten Jahre in Augenschein nehmen können: die neue Elbüberquerung und neue Trassenführung zwischen Pratau und Lutherstadt Wittenberg, in Betrieb genommen am 13. Mai 2000. Deren Kernstück ist eine 333 m lange Fachwerk- und Stabbogenbrücke über die Elbe und die Flutwiesen. Um Forderungen des Naturschutzes wie auch dem Ziel einer »schnelleren« Trassierung gerecht zu werden, erhielt die Strecke auf etwa 4 km Länge zwischen den Bahnhöfen Lutherstadt Wittenberg und Pratau eine teils deutlich vom alten Weg abweichende neue Linienführung.

Nicht so schön wie die neue Wittenberger Elbbrücke, gleichwohl insgesamt nicht weniger aufwändig ist die neue Überquerung des Flöhatals bei Hetzdorf in Sachsen. Am 12. Mai 1992 wurde hier die alte Trasse der Magistrale Chemnitz–Dresden mit dem bekanntlich sehr schönen, aber nicht mehr belastbaren Hetzdorfer Viadukt durch eine etwa 2 km lange, deutlich geradlinigere Strecke ersetzt, die allerdings gleich zwei neue Brückenbauwerke, jeweils 344 m lang und 35 bzw. 37 m hoch, erforderte. Der alte Viadukt ziert weiterhin die Landschaft und steht jetzt Radlern und Wanderern zur Verfügung.

Ebenfalls sehr, sehr teuer, aber ansonsten in jeder Hinsicht unspektakulär waren die umfassenden Umgestaltungen der Bahnanlagen bei Lehrte und Ingolstadt. Beginnen wir in Lehrte. Von der Hannoverschen Staatseisenbahn war dieser Ort östlich der Landeshauptstadt

Die historische Brücke des alten Leinakanals überquert an der gleichnamigen Blockstelle die ehemaligen Bahntrasse. Wie im Hintergrund erkennbar, wurde zur Umgehung dieses Bauwerks nicht etwa eine Streckenbegradigung, sondern eine Streckenverkrümmung notwendig (August 1996).

Wie bei den alten Wittenberger Elbbrücken liegen auch am neuen Standort Schienen- und Straßenbrücke dicht nebeneinander. Am 19.1.2001 ist 928 585 auf dem Weg nach Söllichau, wo die meisten Züge enden, da dahinter Sachsen beginnt. Ob das »Nicht einsteigen« im Zielkasten des Steuerwagens programmatisch gemeint ist?

in den 1840er-Jahren als Kreuzungsstation ihrer Stammstrecken Hildesheim–Celle und Hannover–Braunschweig auserwählt worden. Lehrte wuchs bald rund um den Bahnhof zu einer bedeutenden Eisenbahner-Stadt heran. Nach dem Zweiten Weltkrieg offenbarte sich dabei immer deutlicher, dass vor allem die Strecke nach Hildesheim – wie die anderen auf Straßenniveau gelegen – den Verkehr innerhalb des Ortszentrums geradezu blockierte. Außerdem war die nicht niveaufreie Einfädelung der Hildesheimer in die Braunschweiger Strecke betrieblich ein nicht geringes Problem. Beide Fliegen schlug die DB mit folgender Klappe: Ausfädelung der Hildesheimer Gleise aus den Braunschweigern östlich des Bahnhofs, Neubau einer etwa 4 km langen Verbindungsstrecke von dort zum Anschluss an die alte Trasse, Stilllegung und Abbau der alten Streckenführung in der Innenstadt. Am 22. Mai 1990 ging die so genannte Südumfahrung Lehrte in Betrieb.

In Ingolstadt war das folgende Problem zu lösen: Die Strecken nach Augsburg (KBS 983) und Donauwörth (KBS 993) behinderten hier gewissermaßen traditionell durch ihre zusammen 15 Bahnübergänge den innerstädtischen Verkehr, und da die Schranken handbedient waren, bedeutete das auch einen großen Kostenfaktor für die DB. Also schuf man für die beiden eingleisigen Strecken eine mit zwei Gleisen ausgerüstete neue Trasse bis zum ebenfalls neuen Betriebsbahnhof Seehof im Süden der Stadt, wo sie sich trennen, um anschließend wieder zu ihren alten Routen zu finden. Das erforderte für die KBS 993 einen mehrere Kilometer langen Neubauabschnitt. Vor allem für die Donauwörther Strecke hatte die Umlegung auch betriebliche Konsequenzen, da sie zuvor von Norden in den Bahnhof Ingolstadt führte, was durchgehenden Verkehr der Relation Donauwörth–Regensburg erlaubte. Heute müssen diese Züge in Ingolstadt Kopf machen. Am 13. Mai 1995 ging die neue Strecke Richtung Augsburg in Betrieb, am 27. Mai 1995 diejenige Richtung Donauwörth.

Ein gutes Beispiel dafür, wie sich Fern- und Nahverkehr ins Gehege kommen und schließlich doch einer für beide befriedigenden Lösung zugeführt werden können, finden wir im rheinland-pfälzischen Montabaur. Stadt und Land hatten bekanntlich für Montabaur einen Bahnhof an der Neubaustrecke Köln–Rhein-Main durchgesetzt. An den sollte konsequenterweise auch die Nebenbahn Limburg–Montabaur–Siershahn (KBS 629) angeschlossen werden. Der näher zur Stadt gelegene alte Bahnhof Montabaur wurde damit obsolet, auf rund 1,5 km Länge wurde die alte Nebenbahn durch die neue Trassenführung, deren Kernstück die Bahnhofsanlagen sind, ersetzt. Am 10. Juli 2000 ging der neue Bahnhof Montabaur in Betrieb, für den Regionalverkehr jedenfalls, der Fernverkehr folgt erst 2002/03.

Einen neuen Bahnhof hat, wie vorn in diesem Buch im Kapitel über die Neubaustrecken bereits erwähnt, auch das badische Städtchen Achern erhalten. An diesem neuen Bahnhof der DB hat auch die SWEG-Strecke nach Ottenhöfen (KBS 717) jetzt ihren Ausgangspunkt, seit dem 27. Juli 1996 sind der neue SWEG-Bahnsteig samt neuer SWEG-Strecke dorthin in Betrieb.

Nicht mehr in ihren ureigenen Landesbahn-Stationen, sondern im benachbarten DB-Bahnhof beginnen und enden jetzt auch die Züge der Hohenzollerischen Landesbahn in Hechingen und Sigmaringen. Die Städte sind übrigens direkt durch die Zollern-Alb-Bahn verbunden (KBS 768). In Hechingen ist dies seit dem 4. Februar 1997 der Fall, in Sigmaringen schon seit dem 5. Juni 1994.

Und da wir gerade beim Thema »Mini-Streckenverlängerungen mit neuen Stationen« sind: seit dem 30. Mai 1999 beginnen und enden die Züge der Kursbuchstrecke

Fast im Viereck und damit auch mit einigen Umwegen fahren die Züge von Lehrte nach Hildesheim seit der Verlegung der Strecke. Im Dezember 1998 sind sowohl 141 132 als auch zwei der Wagen schon in der neuen Produktfarbe von DB Regio lackiert.

Parallel zur ebenfalls neu trassierten B 16 verläuft die gemeinsame neue Strecke von Ingolstadt nach Donauwörth und nach Augsburg durch die eintönige Landschaft. Ab der Trennungsstelle Seehof bei Zuchering sind beide Bahnen eingleisig und nur die Strecke nach Donauwörth elektrifiziert. Am 3.4.1996 wartet der Turmtriebwagen 701 064 auf die Weiterfahrt nach Ingolstadt.

Unmittelbar neben die DB-Gleise am Heidelberger Hauptbahnhof hat die OEG ihr Meterspurgleis gelegt, damit auch sie ihre Reisenden zu diesem wichtigen Umsteigepunkt bringen kann. Triebwagen 92, ein klassischer Düwag-Achtachser, unterquert am 20.6.2001 die Straßenbrücke.

479 Boppard–Emmelshausen nicht mehr im nunmehr als »Hbf« bezeichneten Bahnhof Boppard, sondern ein paar hundert Meter weiter südlich im direkt neben der Rheintal-Magistrale gelegenen, innenstadtnahen Haltepunkt Boppard Süd. Die Züge auf der KBS 479 nutzen dafür ein neben der linken Rheinstrecke liegendes und stumpf endendes eigenes Gleis.

Abschließend sei beim Thema Neutrassierungen noch eine Bahn erwähnt, bei der man nur allzu schnell übersieht, dass es sich um eine Eisen- und nicht um eine Straßenbahn handelt: die Oberrheinische Eisenbahn-Gesellschaft (OEG), inzwischen wie schon die Mannheimer Straßenbahn zu den Mannheimer Versorgungs- und Verkehrsbetrieben gehörend. Die OEG nämlich litt in Heidelberg seit 1955 darunter, dass sie den damals neuen Hauptbahnhof nicht direkt berührte. Deshalb wurde die Strecke von/nach Mannheim in Bahnhofsnähe auf gut 1 km Länge neu trassiert; aus Richtung Mannheim betrachtet schmiegt sie sich zunächst an die DB-Gleise im westlichen Bahnhofsvorfeld an, um dann kurz vor dem Empfangsgebäude – nun als Straßenbahn – ins städtische Gleisnetz der Heidelberger Straßenbahn einzuschwenken. Am 11. Mai 1993 ging die neue Heidelberger OEG-Trasse in West-Ost-Richtung, eine Woche später in Gegenrichtung in Betrieb.

628 434 verlässt am 19.9.2001 den neuen Bahnhof Montabaur in Richtung Limburg. Ob hier wohl viele Reisende aus dem Westerwald in den ICE einsteigen werden? Immerhin will man zu diesem Zweck auch die Brexbachtalbahn nach Neuwied reaktivieren. Die beiden Gleise ganz links bilden die durchgehende Schnellfahrstrecke für 300 km/h, aus denen zwei Bahnsteiggleise für in Montabaur haltende ICE abzweigen.

5.2 Verbindungskurven

Wie eingangs erwähnt kann das Kapitel Verbindungskurven nur die markantesten, bis heute gültigen Objekte behandeln. Einige davon sind in diesem Buch bereits dargestellt worden: Die Eichenberger Kurve unter KBS 600, die Kurve Mühlacker unter KBS 772, die Herner Nordkurve im S-Bahn-Kapitel und die Herlasgrüner Kurve unter KBS C7/539.

Ebenfalls bereits ausführlich geschildert worden ist der Aufbau des Integralen Taktfahrplans und die Nebenbahn-Renaissance in Rheinland-Pfalz. Eine wichtige Rolle spielt dort auch der Ausflugsverkehr. Eine der Ausflugszug-Routen ist die Verbindung Karlsruhe–Neustadt–Bad Münster am Stein–Bingen–Koblenz, auf der von Frühjahr bis Herbst an Sonntagen durchgehende Züge verkehren. Diese nutzen am Bahnhof Hochspeyer die seit Jahrzehnten von planmäßigen Reisezügen gemiedene Verbindungskurve zwischen den KBS 672 und 670. Erstmals geschah dies am 1. Juni 1997.

Und auch von einer »unechten« Kurve ist in diesem Zusammenhang zu berichten: Um die nicht zuletzt durch den Einsatz von Neigetechnik-Zügen gewonnenen neuen Anschluss-Möglichkeiten zu sichern nahm die DB mit dem Sommerfahrplan zum 1. Juni 1997 die zum 27. Mai 1987 im Personenverkehr stillgelegte Verbindung Enkenbach–Kaiserslautern für Züge des Korridors Kaiserslautern–Bad Münster am Stein wieder in Betrieb (KBS 672). Sie wird ohne Halt durchfahren und kann deshalb hier wie eine Verbindungskurve behandelt werden.

Einen ähnlichen Fall – eine in ihrer betrieblichen Funktion kurvenähnliche Strecke ohne Zwischenhalt – finden wir in der Umgebung bzw. der Umgehung von Güstrow. Hier waren zum 26. Mai 1996 die letzten die Direktverbindung Lalendorf–Plaatz befahrenden, also Güstrow umgehenden Reisezüge der Relation Rostock–Neustrelitz (– Berlin) über Güstrow und Schwaan umgelegt worden. Seit dem Sommer 2001 ist das anders. Ein als zusätzlicher saisonaler Ersatz für die entfallenen Interregio-Züge nachträglich eingeführtes und deshalb im Kursbuch nicht aufgeführtes IRE-Zugpaar (IRE 38357/58),

Mitten im Wald zweigt von der Strecke Enkenbach–Hochspeyer (links) die Verbindungskurve nach Neustadt (Weinstraße) ab. Da sie nur selten befahren wird, sind die Gleise rostig. Der 628.4 im Bild wird am 5.7.1997 seinen nächsten Halt in Hochspeyer einlegen.

Als diese Aufnahme am 16.6.1986 in Eselsfürth entstand war nicht vorhersehbar, dass hier jemals wieder regelmäßig Reisezüge verkehren würden. Allerdings halten sie hier ebenso wenig wie im Bahnhof Kaiserslautern Nord. Aber was nicht ist, kann ja noch werden!

das an Sonnabenden, Sonn- und Feiertagen die Berliner direkt und ohne Umsteigen in Rostock nach Warnemünde bringt, nimmt zwecks Zeitersparnis wieder den Weg Lalendorf–Plaaz. Zeitweilig wollten so viele Badewillige von der Hauptstadt zur Ostsee, dass das Zugpaar mit zehn Wagen gefahren wurde. Dass lässt auf ein langes Leben dieses Angebots hoffen.

Eigentlich kaum der Rede wert: Nur zwei Jahre lang gab es keine Reisezüge auf der Strecke Dutenhofen–Großen Linden, also der Gießener (Güterzug-) Umgehungsbahn, die eine direkte Verbindung von der Ruhr-Sieg-Strecke auf die Main-Weser-Bahn in Richtung Frankfurt ermöglicht und umgekehrt (KBS 360/520). Mit Beginn des Sommerfahrplans 1989, der auch die Einführung des Interregio-Angebots zwischen Kassel und Frankfurt brachte, wurde das die Kurve befahrende D-Zugpaar 2812/13 der Relation Hagen–Frankfurt eingestellt. Die Nachfrage nach einer schnellen Verbindung aus dem Siegerland und dem Raum Wetzlar nach Frankfurt blieb aber so groß, dass schon zwei Jahre später für Berufspendler wieder ein Gießen umfahrendes Zugpaar eingerichtet wurde. Am 3. Juni 1991 fuhr es zum ersten Mal, und bis heute ist es in kaum veränderter Fahrplanlage erhalten geblieben.

Warum nur ist niemand schon früher darauf gekommen? Seit 1913 ist es möglich, aus der Strecke Dortmund–Schwerte (KBS 434) direkt Richtung Osten in die Obere Ruhrtalbahn (KBS 435) einzufahren (und natürlich umgekehrt). Die Schwerter Ostkurve war ursprünglich als Anbindung des Verschiebebahnhofs Geisecke (Obere Ruhrtalbahn) an Dortmund gedacht. Der kleine Verschiebebahnhof ist aber längst Geschichte, und es dauerte bis zum 30. Mai 1999, ehe sich endlich der Personenverkehr der Verbindung Block Heide–Schwerte Ost erinnerte. Zunächst wurde hier lediglich ein sonntägliches Zugpaar Dortmund–Winterberg gefahren, doch

In weiten Teilen neu trassiert baute die DDR die wichtige Magistrale Berlin–Rostock nach der Nachkriegsdemontage wieder auf. So auch bei Reinshagen auf dem Teilstück Lalendorf–Plaaz, das nur in Sonderfällen wie dem Warnemünde-Express noch von Reisezügen genutzt wird. Am 17.5.2000 ist hier ein kurzer Güterzug mit 232 425 nach Rostock unterwegs.

seit dem Herbst 2001 können nicht nur Ausflügler, sondern auch Berufspendler – und andere Leute natürlich auch – die Kurve nutzen, und zwar im Zweistundentakt. Angesichts der überragenden Bedeutung Dortmunds für den Verkehr dieser Region war ein solches Angebot längst überfällig.

In unserer Buchreihe »Abschied von der Schiene« sahen wir uns ein ums andere Mal vor die traurige Notwendigkeit gestellt, vom Ende des Personenverkehrs auf diesem oder jenem Teilstück der legendären »Kanonenbahn« Berlin–Blankenheim–Wetzlar–Koblenz–Metz berichten zu müssen. Und selbst in diesem Buch, in dem es ja um erfreuliche Dinge geht, führt an der »Kanonenbahn« kein Weg vorbei. Diesmal betrifft es den Abschnitt Barby–Güsten in Sachsen-Anhalt. Hier wurden die durchgehenden Züge mit Ablauf des Fahrplanjahres 1997/98 eingestellt. Als Ersatz wurde folgende neue Verbindung geschaffen: Die – sehr, sehr wenigen! – Züge aus Belzig bzw. Wiesenburg wechseln in Güterglück nicht mehr auf die Strecke Dessau–Magdeburg, sondern verlassen seit dem 24. Mai 1998 erst hinter Barby in Höhe von Calbe (Saale) Ost am Abzweig Werkleitz die »Kanonenbahn« und fahren über die östliche Verbindungskurve Calbe hinunter zum Abzweig Seehof an der Magistrale Halle (Saale)–Magdeburg (KBS 480), über die sie dann die sachsen-anhaltnische Landeshauptstadt erreichen. Für die Bürger von Barby ist das sicherlich eine Verbesserung gegenüber dem Vor-Zustand. Ob die zurzeit des Zweiten Weltkriegs – vermutlich 1944 – gebaute Kurve schon früher einmal planmäßig von Reisezügen genutzt wurde, entzieht sich unserer Kenntnis.

In Delitzsch kreuzen sich die Eisenbahnstrecken Halle (Saale)–Eilenburg (KBS 219) und Leipzig–Bitterfeld (KBS 250). An der Strecke 219 steht »Delitzsch ob Bf« – also

Unzählige Eisenbahner brachten ihr ganzes Arbeitsleben in Weichen- und Schrankenposten wie diesem bei Calbe Ost zu. Die meist recht primitiven Bauten dienten und dienen u.a. der Regelung des Zugverkehrs an Abzweigstellen auf freier Strecke, so wie hier des eingleisigen Abzweigs aus der zweigleisigen Hauptbahn Magdeburg–Halle zur eingleisigen »Kanonenbahn« nach Barby–Berlin (Aufnahme vom 20.11.2001).

der obere Bahnhof – den Reisenden zur Verfügung, an der unteren »Delitzsch unt Bf«. Zwei Verbindungskurven, beide vom Güterbahnhof an der oberen Strecke ausgehend, verknüpfen die beiden Strecken, wobei die Fußweg-Entfernung zwischen oberem und unterem Bahnsteig laut Kursbuch 800 m beträgt. Wir haben es hier also nicht mit einem so genannten Turmbahnhof zu tun, bei dem die Bahnhofsteile ja direkt übereinander liegen.

Die nördliche dieser Kurven zwischen Delitzsch Gbf und Delitzsch unt Bf macht es möglich, dass Züge Halle–Delitzsch unt Bf bzw. umgekehrt gefahren werden. Seit dem 30. Mai 1999 gibt es solche Züge, und sie beginnen und enden auch im unteren Bahnhof, am oberen fahren sie im großen Bogen vorbei. Für den normalen Reiseverkehr macht das wenig Sinn, und in der Tat handelt es sich lediglich um ein einziges tägliches Zugpaar in Tagesrandlage, das aus betrieblichen Gründen – Ein- und Aussetzen der Garnitur – diesen Weg nimmt. Und streng genommen hatte es Ähnliches vor gar nicht allzu langer Zeit auch schon gegeben, als nämlich während des von umfassenden Bauarbeiten geprägten Fahrplanjahres 1994/95 alle Reisezüge zwischen Halle und Bitterfeld, für die kein Schienenersatzverkehr möglich war, diesen Weg genommen haben.

Auch die südliche Kurve zwischen Delitzsch Gbf und Abzw. Ah, sie ist selbst in DB-Streckenkarten meistens nicht eingetragen, war übrigens im Berichtszeitraum nicht Reisezug-frei. Bis zum Fahrplanwechsel Ende Mai 2000 fuhr hier neben Güterzügen der IR Frankfurt (Main)–Halle–Leipzig, der so auf einen Fahrtrichtungswechsel in Halle verzichten konnte.

Aus der Leipziger Tieflandsbucht nach Süddeutschland: Der Eisenbahnverkehr im nordöstlichen Bayern ist ein Fall für sich. Hier hielt ab Sommer 1992 mit den er-

Auch wenn sie in vielen offiziellen Eisenbahnkarten vergessen wurde, so gibt es in Delitzsch doch eine Verbindungskurve für die Fahrtrichtung Halle–Leipzig (vorne links), die auch immer wieder von Reisezügen befahren wurde. Die meist in Karten verzeichnete Kurve der Fahrtrichtung Bitterfeld–Halle befindet sich rechts der Lok neben dem Fernmeldekasten. 143 832 wird mit ihrem Zug am 18.1.2001 in wenigen Metern am Haltepunkt Delitzsch ob Bf Fahrgäste aufnehmen und dann in Richtung Eilenburg weiterfahren.

sten »Pendolino«-Zügen der DB (Baureihe 610) die Neigetechnik Einzug, die Oberpfalz und das östliche Franken wurden zu Muster-Regionen eines mit vergleichsweise geringem Aufwand – ohne Elektrifizierung nämlich – aufzubauenden modernen Regionalverkehrs. Einige große Probleme jedoch blieben, etwa die schlechte Anbindung der Stadt Bayreuth an das Fernverkehrsnetz.

Im Zuge der Verbesserung des innerdeutschen Ost-West-Verkehrs nach der Wende entschloss sich die DB, gleich zwei Fliegen mit einer Klappe zu schlagen: Einrichtung einer ICE-Linie Dresden–Hof–Nürnberg und Einbindung Bayreuths in diese Linie; als Fahrzeuge dafür wurden Diesel-Triebzüge mit Neigetechnik (ICE-TD, Baureihe 605) eingeplant. Und damit die schicken weißen Kurvenflitzer nicht noch mehr Fahrzeit vertrödeln – der Weg Nürnberg–Hof über Bayreuth ist nämlich langsamer als der traditionelle über Marktredwitz–, wurde bei Schlömen am Fuß der berühmten Schiefen Ebene unmittelbar südlich des Bahnhofs Neuenmarkt-Wirsberg eine Verbindungskurve zwischen den sich hier treffenden Strecken aus Bayreuth bzw. Hof angelegt, der Bahnhof Neuenmarkt-Wirsberg kann also ohne Kopfmachen umfahren werden. Das stimmt allerdings nicht ganz – offiziell ist die Kurve ein Teil dieses Bahnhofs.

Am 1. September 2000 wurde die Schlömener Kurve mit einem Dampfsonderzug – 01 509 zog ihn von Nürnberg nach Chemnitz – eröffnet, aber der Planbetrieb begann erst am 5. November 2000. Von diesem Tag an fuhren die meisten Fernzüge der Relation Nürnberg–Dresden via Bayreuth und die Kurve und nicht mehr über Marktredwitz. Die Diesel-ICE waren allerdings zu diesem

Zeitpunkt noch weit hinter ihrem, auch im Kursbuch 2000/2001 abgedruckten, Fahrplan zurück und nutzten die für sie geschaffene Infrastruktur zunächst nur bei Inbetriebsetzungs- bzw. Einstellungsfahrten. Der ICE-TD-Planeinsatz begann mit dem Fahrplanwechsel am 10. Juni 2001.

Wer mit den Österreichischen Bundesbahnen von Salzburg nach Innsbruck oder in Gegenrichtung reisen möchte, hat dafür im Wesentlichen zwei Möglichkeiten: entweder nutzt er die rein österreichische Strecke über Bischofshofen oder er fährt über Rosenheim, legt seinen Weg also größtenteils auf deutschen Schienen zurück. Die rein österreichische Variante kostet etwa dreieinhalb Stunden Reisezeit, die über Rosenheim führende brauchte bis zum 7. Februar 1982 133 Minuten, ab dem 8. Februar 1982 waren es nur noch 115 Minuten. Diese große Wirkung konnte mit einer vergleichsweise bescheidenen Ursache erzielt werden, welche den Namen Rosenheimer Kurve trägt. Diese eingleisige und etwa 1 km lange Verbindung erlaubt es den so genannten »Korridorzügen« der ÖBB – sie verkehren ohne Verkehrshalt in Deutschland –, den Bahnhof Rosenheim zu umfahren und das dort früher notwendige Kopfmachen einzusparen.

Zwei gekuppelte ICE-Garnituren der Baureihe 605 legen sich am 4.10.2001 in die Schlömener Kurve. Auf der nun folgenden berühmten Schiefen Ebene zwischen Neuenmarkt-Wirsberg und Marktschorgast werden die 48 Zylinder der acht Cummins–Dieselmotoren erheblich beansprucht. Noch bis 1973 mussten hier zwei Zylinder der Dampflokbaureihe 01 ausreichen.

5.3 Enttäuschte Hoffnungen

Wenigstens in knappen Worten sollen am Ende dieses Buches noch einige besonders interessante jener Fälle gewürdigt werden, bei denen der Wiederaufnahme des Betriebs im Berichtszeitraum 1980-2001 auch schon wieder dessen Ende folgte – wobei die Ursachen dafür höchst unterschiedlicher Natur und vielleicht auch Wirkungsdauer sind. Schauen wir uns ohne jeden Anspruch auf Vollständigkeit – vor allem hinsichtlich der Verbindungskurven würde dieser Anspruch unseren Rahmen überdehnen – einige dieser Kandidaten hier zum Abschluss noch kurz an.

Von zeitlich begrenzten Betriebseinstellungen wegen Bauarbeiten war oben schon häufiger die Rede, und in diesem Zusammenhang kam und kommt auch immer wieder Gegenteiliges vor: die Wiederinbetriebnahme von Routen für den Reiseverkehr, die zwecks Entlastung im Bau bzw. in Reparatur befindlicher Strecken für einen begrenzten Zeitraum Züge übernehmen. Musterbeispiele sind dafür die Verbindungen Köln Süd–Köln Kalk mit der sonst nur im Güterverkehr genutzten Kölner Südbrücke sowie Oberhausen–Krefeld mit der Haus-

Für dieses Bild der Haus-Knipp-Brücke vom Turm des Schachtes Gerd wurde der Fotograf des freitäglichen D 2727 sicherlich von den rund 15 anderen Fotografen beneidet. Er musste dafür aber auch eine Sicherheitseinweisung über sich ergehen lassen. Und wenn sich dann noch der Morgennebel am 12.10.2001 über dem Rhein rechtzeitig lichtet und die beige/rote 103 132 als Zuglok fungiert, ist das Fotografenglück perfekt.

Vor dem gewaltigen Gebäude des böhmischen Grenzbahnhofs Vejprty fallen die drei tschechischen Schienenbusse mit 810 601 an der Spitze kaum auf. Der Zahn der Zeit hat von der k.u.k.-Pracht der Gebäude und die Vegetation vom großen Gleisfeld Besitz ergriffen. Ob man von hier aus wirklich einmal wieder mit durchgehenden Zügen nach Chemnitz fahren wird, erscheint fraglich. Aufnahme vom 28.9.1997

Knipp-Brücke in Duisburg-Beeck. Zur Kölner Südbrücke: Die musste im Sommer und Herbst 1997 wegen Bauarbeiten auf der linken Rheinstrecke als Anbindung des Kölner Hauptbahnhofs an die ersatzweise an Wochenenden von den Fernzügen der Relation Mainz–Köln benutzte rechte Rheinstrecke dienen. Mit voller Inbetriebnahme der NBS Köln–Rhein/Main 2002/03 wird aber der Fernreiseverkehr über die Südbrücke alltäglich werden.

Weiter rheinabwärts, im Norden Duisburgs, spielte sich Folgendes ab. Um die Bauarbeiten an der sanierungsbedürftigen Hochfelder Brücke zwischen Duisburg Hbf und Rheinhausen, die üblicherweise von allen in Duisburg den Rhein überquerenden Reisezügen benutzt wird, zu erleichtern, wurde der zwischen dem 24. August und 26. Oktober freitags verkehrende »Säuferzug« D 2727 Dortmund–Trier über folgenden Weg geschickt: von Dortmund über die Köln-Mindener Strecke ohne Halt via Oberhausen und dann über die Beecker Rheinbrücke nach Moers, von dort weiter über Krefeld-Linn auf die Strecke Krefeld–Neuss–Köln, wo in Meerbusch-Osterrath erstmals nach Essen-Altenessen wieder ein Planhalt eingelegt wurde; der sonntägliche Gegenzug D 2726 Trier–Dortmund nahm übrigens den normalen Weg über Duisburg Hbf. Mit dem D 2727 kam nach 18 Jahren erstmals wieder ein planmäßiger Reisezug auf die Strecke Oberhausen–Moers und die Verbindungskurve bei Rumeln (KBS 416/495), mit dem Sommerfahrplan war dort nämlich am 23. September 1983 unter der Kursbuchnummer 476 der rheinüberquerende Reiseverkehr eingestellt worden. Ebenfalls ein Novum war die Nutzung der Güterzugverbindung bei Krefeld-Linn zur Umfahrung des Krefelder Hauptbahnhofs, und auch in Koblenz nahm der D 2727 nicht alltägliche Wege, umfuhr er doch auf der Güterzug-Kurve Lützel–Moselweiß den Hauptbahnhof, was allerdings bei den so genannten Säuferzügen von Fahrplan zu Fahrplan immer wieder vorgekommen ist.

Nur eine kurze Renaissance war dem oberen Bahnhof von Zeulenroda vergönnt. Am 16.4.1996 steht 204 860 mit einem Vierachser bereit, um sich ins tiefe Tal der Triebes hinabzubremsen.

Zwei Bretterpodeste und ein paar Informationsschilder an der Ladestraße von Hardheim müssen am 4.10.1998 für den 928 303 und seine Fahrgäste genügen. Streng genommen sind die rund 200 Meter vom alten Empfangsgebäude zur Laderampe sogar eine echte Neueröffnung im Personenverkehr und nicht wie der Rest der Strecke nur eine (kurzfristige) Reaktivierung. Derartige »Streckenverlängerungen« gibt es ebenso, wie Verkürzungen um wenige Meter häufiger, im Berichtszeitraum z.B. in Tessin an der heutigen Ostsee-Recknitz-Bahn.

Schon erheblich länger als nur einen Spätsommer dauerte die Karriere der Strecke 517 Bärenstein–Vejprty (Weipert) im Erzgebirge. Die grenzüberschreitende Verbindung zwischen Sachsen und Tschechien wurde am 1. August 1993 nach Jahrzehnten der Trennung wieder eröffnet, allerdings stellte sich bald heraus, dass für eine umfassende Verbesserung des Schienenverkehrs hier die Basis fehlte. Diese Basis hätte eine modernisierte Strecke Chemnitz–Bärenstein (Zschopautalbahn) sein müssen, deren Verfall jedoch ungebremst weiter ging, ehe sie auf dem Abschnitt Wolkenstein–Bärenstein zum 27. Mai 2000 gesperrt wurde, womit auch der von der DB gefahrene Grenzverkehr wieder endete. Inzwischen gilt als geklärt, dass die wildromantische Zschopautalbahn saniert und bis Bärenstein wieder in Betrieb genommen wird.

Wahrlich ein Kuriosum ist die Schienenverbindung Zeulenroda ob Bf–Zeulenroda unt Bf. Letzterer liegt an der Strecke Weida–Mehltheuer (KBS 547). 1974 hatte die Reichsbahn hier den Reisezugverkehr eingestellt, weil der stadtnah gelegene obere Bahnhof samt seiner 4 km langen Stichstrecke zum unteren Bahnhof durch den Güterverkehr voll und ganz in Anspruch genommen werden musste. Nach dem Einbruch der Industrie infolge der Wiedervereinigung wurde am 29. September 1991 – zunächst versuchsweise – wieder Personenverkehr angeboten, der sich aber mangels Nachfrage nur bis zum 1. Juni 1996 hielt.

32 Jahre lang hatte der Personenverkehr zwischen Kleinschmalkalden und Auwallenburg geruht, ehe zum 3. November 1996 die private Thüringer Rennsteigbahn AG ihre von Schmalkalden aus eingesetzten Züge über Kleinschmalkalden hinaus bis Auwallenburg durchfahren ließ. Hintergrund: Die Rennsteigbahn hatte kurz zuvor den Reiseverkehr auf der von der DB just eingestellten Strecke Schmalkladen–Kleinschmalkalden übernommen (KBS 574), eine Bestellung seitens der zuständigen Stellen des Landes dafür lag allerdings nicht vor, man hatte ja gerade erst bei der DB abbestellt. Und so wurden die Fahrten schon am 14. November wieder eingestellt, die Nachfrage war viel geringer als erhofft. Bis Auwallenburg waren diese Züge – gebildet aus Schienenbussen, die man von der Dürener Kreisbahn übernommen hatte – allerdings nur an jenem 3. November 1996 gefahren, dann war für diesen reaktivierten Abschnitt das für die Veranstalter desaströse Ende schon gekommen. Der erhoffte regelmäßige Verkehr blieb nur ein froher Traum.

Wechselnd mit Dampflokomotiven oder ex DB-Schienenbussen (hier VT 1 der WAB) konnte man im Sommer 2001 wieder regelmäßig nach Büren gelangen. Am 10.6.2001 nutzen die Fahrgäste die Wendepause in Büren für ein paar Fotos, ein kurzes Füßevertreten oder für das bei »ernsthaften« Bahnen nicht erlaubte Sitzen auf der Bahnsteigkante.

Anfangs- und Endpunkt für die Züge auf der KBE-Querbahn ist das Bw Wesseling, in dem sie gewartet werden. Dort haben sich am 26.9.1987 eine Reihe Stadtbahnwagen des Typs B versammelt, darunter Triebwagen 2197, der ursprünglich noch von der längst verblichenen Köln-Bonner Eisenbahn angeschafft wurde.

Von vielen erfolgreichen Bemühungen zur Wiederbelebung von Eisenbahnstrecken für den Ausflugsverkehr kann in diesem Buch berichtet werden. Es gibt jedoch auch andere Beispiele; etwa dieses: Am 3. Juni 1998 wurden auf der seit 1954 nur noch im Güterverkehr genutzten Strecke Walldürn–Hardheim (KBS 709) für Sonntagsausflügler wieder Reisezüge angeboten. Analog zur erfolgreich für den Ausflugsverkehr wiederbelebten Stichstrecke Maulbronn–Maulbronn West (siehe Abschnitt 4.6.6) sah man auch hier seitens der zuständigen Stellen des Landes und des Verkehrsclub Deutschland (VCD) die Chance, dem Autoverkehr etwas entgegenzusetzen. Das speziell auf Radwanderer ausgerichtete Angebot wurde allerdings nicht akzeptiert, schon am 3. Oktober 1999 fuhren die Züge zum letzten Mal.

Radwanderer – besonders an diese Gruppe, aber natürlich ebenso an alle anderen Interessierten richtete sich auch das vom 10. Juni bis zum 30. September 2001 eingerichtete Angebot von Sonderzügen auf der Nebenbahn Paderborn–Büren (ex KBS 345), deren Personenverkehr die DB am 30. Mai 1981 eingestellt hatte. Auf der inzwischen ins Eigentum der Westfälischen Almetalbahn übergegangenen Strecke bot eben dieses Unternehmen auf Betreiben des Nahverkehrsverbundes Paderborn-Höxter (NPH) an jedem Sonntag täglich mehrere Pendelfahrten an, wobei eine Schienenbusgarnitur und eine Dampflok der Baureihe 52 mit älteren Zweiachser-Personenwagen eingesetzt wurden. Das Angebot stieß auf unerwartet großes Interesse und wird vermutlich in dieser oder anderer Form wiederholt. Nicht zu erfüllen scheinen sich jedoch die Hoffnungen, dass den Sonntagszügen schon bald die seit längerem vom NPH angestrebte neuerliche Nutzung der Almetalbahn für ein reguläres tägliches Personenverkehrsangebot mit modernen Diesel-Leichttriebwagen folgen wird. Zwar sind aus Mitteln des Landes schon einige Bahnsteige für

Am 5.5.1998 steht die Natur schon und die Kurve Gotha noch in voller Blüte. 232 121 fährt mit lautem Räderknirschen und gedrosseltem Motor aus Richtung Erfurt in die Kurve nach Gotha Ost ein. Das provisorische Stellwerk an der Abzweigung, von dem aus dieses Bild entstand, war schon nicht mehr besetzt.

diesen Fall neu hergerichtet worden, letztlich fehlt jedoch vor Ort der politische Wille, die Züge tatsächlich zu bestellen.

Nicht jedes Sonntags-Angebot trifft auf solche Begeisterung wie das auf der Almetalbahn. Eingeführt mit dem Fahrplanwechsel im Sommer 2000, eingestellt im September 2000 – so liest sich die ernüchternde Bilanz jener vier nicht im Kursbuch veröffentlichten Zugfahrten, welche die Dürener Kreisbahn auf ihrer Rurtalbahn nach Heimbach (KBS 484) nicht wie üblich im Dürener Hauptbahnhof beginnen bzw. enden ließ, sondern auf dem DKB-Betriebshofgelände Distelrath, das etwa 2 km vom Hbf entfernt liegt; auf dieser alten DKB-Strecke waren auch früher nie Personenzüge gefahren. Die von der DKB erhoffte Steigerung der Attraktivität ihres Rurtal-Angebots für Reisende aus den nördlichen Stadtteilen konnte sich also, wie man so schön sagt, ganz einfach am Markt nicht durchsetzen, gegen Auto- bzw. Fahrradausflüge oder ganz andere Sonntags-Vergnügen nämlich.

Wir bleiben im Rheinland und erinnern uns der guten alten Köln-Bonner-Eisenbahn (KBE). Die gibt es als solche bekanntlich längst nicht mehr, in einem über viele Jahre laufenden Prozess wurde dieser stets interessante kommunale Betrieb grundlegend umgestaltet. Grob vereinfacht sieht das so aus: Der Güterverkehr der alten KBE fährt jetzt unter einem Dach mit der alten Kölner Hafenbahn bzw. der Köln-Frechen-Benzelrather Eisenbahn (KFBE) als Häfen- und Güterverkehr Köln (HGK), der Personenverkehr ist mit der KFBE im Stadtbahnsystem der Kölner Verkehrbetriebe (KVB) bzw. der Stadtwerke Bonn Verkehrsbetriebe aufgegangen. Dieser Umwandlung war 1981 der Personenverkehr auf der Querbahn Brühl–Wesseling, Schlagader des KBE-Güterverkehrs und Verbindungslinie zwischen Vorgebirgs- und Rheinuferbahn, zum Opfer gefallen. 1985/86 wurde die Vorgebirgsbahn von Eisenbahn- auf Stadtbahnbetrieb umgestellt, mit der Rheinuferbahn war dies bereits 1978 geschehen. Am 9. November 1986 wurde am Barbarossaplatz in Köln der alte KBE-Bahnhof ausgemustert und der Anschluss der Vorgebirgsbahn an die KVB-Stadtbahn vorgenommen.

Seitdem kann man hier mehrmals täglich erleben, dass aus der Stadtmitte kommende und auf die Vorgebirgsbahn fahrende Züge mit dem Zielschild »Wesseling«

Wenige Meter vor dem Endpunkt Hemfurth überquert am 15.9.1996 VT 628 673 die Eder. Links im Hintergrund ist das Wasserkraftwerk zu erkennen, von dem aus die Rohre zum Speichersee und eine Standseilbahn auf den Berg führen. In den letzten Jahren wurde der Ausflugsverkehr mit GTW 2/6 der Hessischen Landesbahn durchgeführt.

erscheinen. Wesseling liegt jedoch an der Rheinuferbahn. Des Rätsels Lösung: Die Züge fahren bis Brühl-Vochem tatsächlich auf der Vorgebirgsbahn, biegen dann aber auf die alte KBE-Querbahn nach Wesseling ab. In Vochem werden die Fahrgäste per Lautsprecherdurchsage ordnungsgemäß aufgefordert, den Zug zu verlassen – was aber kaum jemand tut –, und weiter geht's. Nächster Halt ist dann erst Wesseling, wo der Zug auch ins Depot einrückt. Diesen »Sonderverkehr« über eine Eisenbahnstrecke gibt es offiziell gar nicht, aber er findet etwa ein Dutzend Mal täglich statt und wird von den Oberen geduldet. In diesem Buch ist er unter der Rubrik »enttäuschte Hoffnungen« einsortiert, weil die Autoren ihrem Bedauern Ausdruck verleihen wollen, dass die alte KBE-Magistrale immer noch nicht die Wiederbelebung des regulären Personenverkehrs erleben durfte.

Es gibt auch völlig neu geschaffene Verbindungen, die im Berichtszeitraum auf- und inzwischen wieder abtauchten. Nachfolgend drei Beispiele. Nach nur vier Jahren aus dem Reisezug-Angebot wieder verschwunden war die Gothaer Ostkurve. 1993 war sie in Betrieb genommen worden, damit Züge der Relation Erfurt–Mühlhausen–Leinefelde (KBS 604/605) den Gothaer Viadukt und den gleich anschließenden Hauptbahnhof – beides Großbaustellen – umfahren konnten, womit sich die Betriebssituation auf der Magistrale Erfurt–Eisenach spürbar entspannen ließ. Am 23. Mai 1997 verlor die Kurve wieder ihren Reiseverkehr, die Regionalexpress-Züge machen nun wieder Kopf im Gothaer Hauptbahnhof. Das verlängert zwar die Reisezeit – wenn man nicht gerade zum Hbf Gotha will –, dafür wurde aber die Strecke Gotha–Leinefelde inzwischen grundlegend saniert und der dortige Verkehr erheblich beschleunigt.

Ein sehr beliebtes Angebot im Nordhessischen waren die ab 1996 sonn- und feiertags während der Sommersaison verkehrenden Ausflüglerzüge von Bad Wildungen nach Hemfurth zu Füßen der Edertalsperre, im Kursbuch 2001 unter der Tabelle 621 aufgeführt. Sie benutzten dabei ab Bergheim-Giflitz – an der 1995 eingestellten DB-Strecke nach Korbach gelegen – das Anschlussgleis der Preußen-Elektra, die an der Eder-Staumauer Kraftwerke betreibt. Da der Energiekonzern das Gleis nicht